U0381983

本专著受国家自然科学基金项目"土地利用与管理对干旱区绿洲土壤有效磷再分布的耦合影响"（项目号：71764024）和"西北师范大学学科建设经费"（项目号：202001101903）共同资助。

西北地区生态治理的理论与实践

孙特生　著

中国社会科学出版社

图书在版编目（CIP）数据

西北地区生态治理的理论与实践/孙特生著 . —北京：
中国社会科学出版社，2020.12
ISBN 978 - 7 - 5203 - 7527 - 6

Ⅰ.①西… Ⅱ.①孙… Ⅲ.①生态环境—环境治理—
研究—西北地区 Ⅳ.①X321.24

中国版本图书馆 CIP 数据核字（2020）第 236221 号

出 版 人	赵剑英	
责任编辑	杨晓芳	
责任校对	张金涛	
责任印制	王 超	

出　　版	中国社会科学出版社	
社　　址	北京鼓楼西大街甲 158 号	
邮　　编	100720	
网　　址	http://www.csspw.cn	
发 行 部	010 - 84083685	
门 市 部	010 - 84029450	
经　　销	新华书店及其他书店	

印刷装订	三河弘翰印务有限公司	
版　　次	2020 年 12 月第 1 版	
印　　次	2020 年 12 月第 1 次印刷	

开　　本	710 × 1000	1/16
印　　张	15.25	
插　　页	2	
字　　数	238 千字	
定　　价	86.00 元	

序　言

　　"人与自然是生命共同体，人类必须尊重自然、顺应自然、保护自然。"
党的十八大报告把生态文明建设纳入中国特色社会主义事业"五位一体"总
体布局，提出建设美丽中国的宏伟蓝图，为我国生态治理指明了前进方向。
党的十九大报告提出，建设生态文明是中华民族永续发展的千年大计，进一
步为我国生态治理确立了战略目标。

　　随着工业化、城镇化的快速推进，我国经济社会发展取得了举世瞩目的
成就。然而，高投入、高消耗、高排放和低效益的粗放型经济增长方式以及
各种形式的奢侈浪费、不合理消费使我国生态环境问题相当严重。生态破坏、
环境污染、资源约束已经成为我国乃至全球经济持续发展与社会和谐稳定的
主要制约因素。因此，加强生态治理、改善生态环境是保持我国经济持续健
康发展的必然选择，也是推动社会繁荣昌盛的长期任务。

　　我国西北地区受地理位置、气候条件和地形地貌等自然因素影响，属于
典型的生态脆弱区和环境敏感区。近两千多年来，人口增加、农业屯垦、政
治更替、战争频仍使这一地区生态环境问题突显。近几十年来，由于土地荒
漠化、水土流失、草地退化以及水土资源组合不均衡等，西北地区生态环境
进一步恶化。20世纪80年代以来，"三北"防护林、水土保持、退耕还林还
草等工程的实施，使西北地区生态环境状况有所改善。但如何科学开展生态
治理？如何全面改善生态环境？如何切实发挥西北地区生态安全屏障功能？
仍然是一项需要科研人员、管理者和当地百姓经常思考的课题。

　　《西北地区生态治理的理论与实践》一书以习近平生态文明思想为指导，
以生态治理体系和治理能力现代化为主线，从基础、理论和实践三大板块谋

篇布局。基础篇阐明了生态治理在推进生态文明建设、加强生态安全保障、实现生态现代化中的地位和作用，剖析了西北地区生态环境问题及其成因。理论篇阐释了生态治理的基础理论，厘清了生态治理的重点体系，分析了生态治理的主要模式，探讨了生态治理的经验启示。实践篇针对陕西、宁夏、甘肃、青海和新疆等西北五省区的生态环境状况，选取典型案例解析了各个省区的生态治理实践。全书对西北地区加强生态治理、改善生态环境进行的理论思考和实践总结，可为生态文明、美丽中国建设提供智力支持和西北经验。

书稿写作过程中，硕士生闫娇、张思静、包亚琴等同学参与了资料收集、内容讨论和文献整理；中国社会科学出版社杨晓芳女士进行了书稿的文字校对和编辑出版；西北师范大学社会发展与公共管理学院领导给予了大力支持。在此，对您们的辛勤付出、关心支持一并表示衷心地感谢！

基于资料有限、时间紧迫及作者水平等原因，书中难免有错漏之处，敬请读者批评指正。

目　　录

基 础 篇

理 论 篇

▶ 基 础 篇 ◀

第一章 绪论

以生物为主体，生态环境可以定义为"对生物生长、发育、生殖、行为和分布有影响的环境因子的综合"；以人类为主体，它是指"对人类生存和发展有影响的自然因子的综合"。[①] 表面上，生态环境问题是人类赖以生存的自然环境遭到破坏，人与自然的矛盾激化所致。事实上，生态环境问题的根源在于人类不恰当的思维方式、生产方式和生活方式。全社会都要意识到，环境问题不仅是经济问题，也是社会问题，还是政治问题，[②] 需要人类采取共同行动加以解决。

第一节 生态治理是推进生态文明建设的现实需要

一 生态文明建设

生态文明是人类文明的高级形态，是人类在改造自然以造福自身的过程中为实现人与自然之间的和谐所做的全部努力和所取得的全部成果，它表征着人与自然相互关系的进步状态。[③] 党的十八大以来，以习近平同志为核心的党中央高度重视并大力推进生态文明建设，强调要"像保护眼睛一样保护生态环境，像对待生命一样对待生态环境"。党的十九大报告把"坚持人与自然和谐共生"作为习近平新时代中国特色社会主义思想的重要内容，强调推动

---

① 王孟本：《"生态环境"概念的起源与内涵》，《生态学报》2003年第9期。
② 邓永胜：《环境问题不仅是经济问题也是政治问题》，《人民日报》2013年5月22日。
③ 俞可平：《科学发展观与生态文明》，《马克思主义与现实》2005年第4期。

形成人与自然和谐发展的现代化建设新格局。可以说，新时代中国特色社会主义生态文明的理论与实践，不仅展现了我们党推动生态文明建设的坚定决心和显著成效，而且把生态文明与社会主义现代化紧密联系起来，为推进生态文明建设指明了前进的目标、方向和路径。①

从可持续发展看，生态文明建设关系中华民族永续发展。生态环境没有替代品，用之不觉，失之难存。当今世界，国家发展模式林林总总，但唯有经济与环境共赢、遵循自然规律的发展，才是最有价值、最可持续、最具实践意义的发展。我们在有着 14 亿人口的国家建设现代化，绝不能重蹈"先污染后治理""边污染边治理"的覆辙，绝不容许"吃祖宗饭、断子孙路"，必须高度重视生态文明建设，走一条绿色、低碳、可持续发展之路。在这个问题上，我们没有别的选择。从人民美好生活需要看，生态文明建设关系党的使命宗旨。新时代，广大人民群众热切期盼加快提高生态环境质量，只有大力推进生态文明建设，提供更多优质生态产品，才能不断满足人民日益增长的优美生态环境需要。我国在快速发展经济的同时积累下的诸多环境问题，我们在生态环境方面欠下的太多账，如果现在不把这项工作紧紧抓起来，将来就会付出更大的代价！生态环境里面有很大的政治，既要算经济账，更要算政治账，算大账、算长远账，绝不能急功近利、因小失大。从经济发展方式看，生态文明建设关系我国经济高质量发展和现代化建设。环境保护与经济发展同行，将产生变革性力量。我国经济已由高速增长阶段转向高质量发展阶段。高质量发展是体现新发展理念的发展，是绿色发展成为普遍形态的发展。加强生态文明建设，就要坚持绿色发展，改变传统的"大量生产、大量消耗、大量排放"的生产模式和消费模式，把经济活动、人的行为限制在自然资源和生态环境能够承受的限度内，使资源、生产、消费等要素相匹配、相适应，这是构建高质量现代化经济体的必然要求，是实现经济社会发展和生态环境保护协调统一、人与自然和谐共生的根本之策。从全球环境问题看，生态文明建设关系我国的大国生态责任担当。中国是大国，生态环境搞好了，既是自身受益，更是对世界生态环境保护作出的重大贡献。我国虽然处于全面建成小康社会的关键时期，工业化、城镇化加快发展的重要阶段，

---

① 高宁：《推进生态文明　建设美丽中国》，《前线》2018 年第 9 期。

发展经济、改善民生的任务十分繁重，但仍然以最大决心和最积极态度参与全球应对气候变化，真心实意、真抓实干地为全球环境治理、生态安全作贡献，树立起全球生态文明建设重要参与者、贡献者、引领者的良好形象，大大提升了在全球环境治理体系中的话语权和影响力。[①]

为此，生态文明建设需要统筹处理好以下关系。[②][③]

一是树牢理念与自觉践行的关系。新时代推进生态文明建设，必须树立绿色发展理念，不断增强社会大众的生态文明意识；必须着力解决生态文明意识日渐觉醒而实际行动迟缓乏力的问题。一方面，生态文明意识的提高是潜移默化的过程，不可能一蹴而就。必须加大生态文明理念宣传教育的广度、力度和深度，切实增强全民的节约意识、环保意识、生态意识，营造尊重自然、爱护生态和保护环境的良好社会风尚，使生态文明理念真正成为全民的广泛共识和行为准则。另一方面，贯彻落实国家关于生态文明建设的决策部署，要求我们既要改变思维方式，又要改变行为方式；既要改变生产方式，又要改变生活方式；既要改变经济发展方式，又要改变社会发展方式。无论是政府、企业、社会还是个人，都要从长远着眼、从细节入手，践行保护环境人人有责的理念，推动形成人与自然和谐发展的现代化建设新格局。

二是重点突破与整体推进的关系。新时代推进生态文明建设，既要瞄准生态环境突出问题，又要注重生态文明建设的系统性、整体性，更要从中国特色社会主义事业"五位一体"总体布局和"四个全面"战略布局出发，把生态文明建设融入经济建设、政治建设、文化建设、社会建设的各方面和全过程，重点抓好空气、水、土壤污染的防治，切实解决影响人民群众健康的突出环境问题。同时，把推进生态文明建设作为一项系统工程，统筹资源节约、生态修复与环境保护，统筹源头治理、过程严管与排污严惩，统筹生态理念传播、制度构建、技术创新与资金投入，使各环节、各要素构成一个严密整体。推动实现生态文明建设与经济、政治、文化、社会等领域建设的有机融合，真正让绿水青山成为金山银山。

---

① 本刊编辑部：《在习近平生态文明思想指引下迈入新时代生态文明建设新境界》，《求是》2019 年第 3 期。

② 周宏春：《改革开放 40 年来的生态文明建设》，《中国发展观察》2019 年第 1 期。

③ 高宁：《推进生态文明 建设美丽中国》，《前线》2018 年第 9 期。

三是当前建设与长远发展的关系。新时代推进生态文明建设，既要立足当前，又要着眼长远；既要短期谋划，又要长远安排；既要治理和保护环境，又要预防和惩戒污染。以新一轮能源结构调整和技术变革为契机推动能源技术革命，探索建立和完善长久管用、能调动各方积极性的生态文明制度体系。既要着眼全面建成小康社会目标，贯彻落实党的十九大报告提出的今后五年生态文明建设的阶段性任务，推动形成节约资源与保护环境的空间格局、产业格局、生产方式和生活方式，又要着眼建成社会主义现代化强国、实现中华民族伟大复兴中国梦，筹划中长期生态文明建设的战略目标、原则、纲领和路径，努力建成人与自然和谐共生的社会主义现代化。要按照明确的目标方向和整体思路，结合各地区各部门各单位实际，进一步将宏观战略细化深化分化优化，形成切实可行的生态文明建设的施工图、路线图，确保生态文明建设目标如期实现。

四是国内治理与国际合作的关系。新时代推进生态文明建设，必须统筹国内国际两个大局，构建以政府为主导、企业为主体、社会组织和公众共同参与的国内生态治理体系。立足中国国情，着力解决国内的生态环境问题，坚定走生产发展、生活富裕、生态良好的生态文明发展道路，建设美丽中国；积极参与全球环境治理，维护全球生态安全，将我国生态文明建设纳入全球视野之中，推动各国深入开展生态文明领域的交流合作，争取生态文明建设的国际话语权，为应对全球性生态挑战、推动世界可持续发展作出贡献。作为负责任的发展中大国，我国将积极参与全球生态治理，继续承担同自身国情、发展阶段和实际能力相符的国际责任，充分运用"一带一路"建设等多边合作机制，在管理模式、先进技术、经验成果等方面与国际社会开展交流合作，共同探索全球生态文明建设之路。

与此同时，我们应当清醒地认识到，生态文明建设是一项复杂的系统工程，是一个长期的建设过程，不能立竿见影，必须按照自然规律和经济规律办事，避免陷入误区。①

误区一：生态好就等于生态文明。文明是社会进步状态，生态文明是指人与自然和谐的状态。每个人都是生态文明建设的主体，人类社会文明决定

---

① 周宏春：《改革开放 40 年来的生态文明建设》，《中国发展观察》2019 年第 1 期。

环境状况。生态文明，不仅要有良好的生态环境，更要有物质文明和精神文明，而精神文明对生态环境保护尤为重要。世界银行的相关研究发现，世界上一些贫困地区的生态环境很好，但是物质十分贫乏，人们不得不"砍柴烧"，导致水土流失和生态退化。反过来，加剧了这些地区的贫困，形成"贫困—生态退化—贫困"的恶性循环。总体来说，生态好了，精神文明也得相应跟上，这才是生态文明的本意。

误区二：生态文明必然与经济发展对立。一些人"只谈绿水青山，不谈金山银山"。换言之，只强调生态环境保护的重要性，忽视经济社会发展的基础性。生态文明建设不是不要发展，而是要低消耗、高效益、高质量地发展。发展不能仅指经济发展，也不能简单地等同于 GDP 增长。资源节约、环境保护、科技创新、文化繁荣和社会进步等，都是发展的内涵。生活富裕但生态退化不是生态文明，山清水秀但贫穷落后也不是生态文明。"既要绿水青山，也要金山银山"强调了坚持在发展中保护，在保护中发展。我们既不能以牺牲环境为代价谋求一时一地的发展，也不能只讲环境保护，守着"绿水青山"放弃发展，而是要实事求是地平衡好经济发展与环境保护的关系，坚持生态优先、绿色发展，走"绿起来""美起来"与"富起来"和谐共生的发展道路。

误区三："有了金山银山，也买不来绿水青山。"将"有了金山银山，也买不来绿水青山"等同于"宁要绿水青山，不要金山银山"。"宁要绿水青山，不要金山银山"强调，破坏绿水青山的金山银山，宁可不要；以牺牲人体健康为代价的一时发展，宁可不要；损害国家长远利益的发展，宁可不要。但与"有了金山银山，也买不来绿水青山"的意思并不完全相同。其一，"宁要绿水青山，不要金山银山"有其前提条件。在"两山"论诞生地浙江省安吉县余村，已有一定的经济发展基础。其二，对被联合国认定为不适宜人类生存的地方，花"金山银山"买"绿水青山"是得不偿失的。其三，塞罕坝、库布其治沙实践充分证明，有了"绿水青山"就可以换来"金山银山"，而"金山银山"也可以用来建设"绿水青山"。

二 生态治理与生态文明建设

工业革命以来，以技术引领、效用为先、财富积累、改造并征服自然为特征的工业文明迅速主宰世界，创造了前所未有的物质财富，同时导致了环境污染、气候变暖、资源枯竭、生态退化等全球性生态环境问题，威胁着人类社会的持续健康发展。实现工业文明转型、谋求可持续发展，成为当今世界追求的目标之一。[1]

党的十八大以来，以习近平同志为核心的党中央深刻回答了为什么建设生态文明、建设什么样的生态文明、怎样建设生态文明的重大理论和实践问题，提出了一系列新理念新思想新战略，形成了习近平生态文明思想。习近平生态文明思想丰富和发展了对人类文明发展规律、自然规律、经济社会发展规律的认识，成为中国共产党人带给中国、带给世界的一个历史性贡献。这一历史性贡献，体现于山水林田湖草是生命共同体的系统思想，开创了全方位、全地域、全过程的生态治理新路径。过去，生态环境问题涉及部门多，权力交叉多，责任归属不清。"一块果皮垃圾，留在岸上归环卫部门管，一脚踢到河里归水务部门管。"九龙治水，最容易引起推诿扯皮、顾此失彼。经过五年的探索和总结，以习近平生态文明思想为指导，统筹生产、生活、生态三大空间，在深化改革中优化职能、系统治理、综合保护、统一修复，生态安全屏障得以筑牢。[2] 十九大报告明确指出，建设生态文明是中华民族永续发展的千年大计。必须树立和践行绿水青山就是金山银山的理念，坚持节约资源和保护环境的基本国策，像对待生命一样对待生态环境，统筹山水林田湖草系统治理，实行最严格的生态环境保护制度，形成绿色发展方式和生活方式，坚定走生产发展、生活富裕、生态良好的文明发展道路，建设美丽中国，为人民创造良好生产生活环境，为全球生态安全作出贡献。[3]

生态文明的核心内容是，在健康的政治共同体中，政府与社会中介组织或者民间组织，将公共利益作为最高诉求，通过多元参与，在对话、沟通、交流中，形成关于公共利益的共识，做出符合大多数人利益的合法决策。这

① 潘家华：《以生态文明建设推动发展转型》，《人民日报》2015年8月25日第7版。
② 李斌：《评论员观察：生态文明建设的历史性贡献》，《人民日报》2018年5月21日第5版。
③ 习近平：《决胜全面建成小康社会 夺取新时代中国特色社会主义伟大胜利》，人民出版社2017年版，第23—24页。

种多元参与、良性互动、诉诸公共利益的和谐治理形式，就是生态治理。① 政府生态环境治理是当代中国生态文明建设的关键环节，政府在生态环境治理中制定各种生态经济政策，使经济发展实现绿色转型，保证新时代我国生态文明建设中社会经济和自然生态协调发展，进而发展生态型物质文明。为此，需要提升政府生态治理能力。从中国政府处理生态环境保护与经济社会发展关系的历程中，我们越来越清楚地看到一个事实：在公有制形式下，中国政府在生态文明建设中的主导作用不可替代。这也是中国能否顺利进行生态文明建设的核心保障。在这种思路下，中国各级政府在生态治理中有所作为，主要是通过制度、政策和法规来协调各方面的环境利益，而不是直接参与分配环境利益。同时，以生态政府的形象，强烈的环境责任意识，完善利益表达机制，建立健全协商对话机制，积极引导社会力量参与环境治理、促进环境保护，最终缓解环境冲突。②

生态治理是通往生态文明之"消极路径"。首先，从国家治理与生态治理的关系来看。在推进国家治理体系和治理能力现代化过程中，不仅要实施经济治理、政治治理、文化治理、社会治理，还要实施生态治理。作为国家治理的重要组成部分，生态治理就是运用政府的政治权力，通过发号施令制定、实施政策，对生态问题实施治理。实际上，这类似于"统治"。就是说，在国家治理层面上，生态治理主体是国家机构、政府组织，如新组建的生态环境部。其次，从社会治理与生态治理的关系来看。生态治理作为社会治理的重要内容，主要是通过建立在市场原则、公共利益基础之上的对话、协商、合作等方式，对生态问题实施治理。在"共建共治共享的社会治理格局"中，不仅要建立社区治理体系、乡村治理体系、网络综合治理体系，还要建立生态环境治理体系，实施流域环境与近海域综合治理、荒漠化、石漠化、水土流失综合治理，等等。也就是说，在社会治理层面上，生态治理主体除了国家机构、政府组织之外，还有企事业单位、社会团体和个人、非政府组织等。再次，从全球治理与生态治理的关系来看。生态治理作为全球治理的重要内

---

① 薛晓源、陈家刚：《从生态启蒙到生态治理——当代西方生态理论对我们的启示》，《马克思主义与现实》2005 年第 4 期。

② 朱晶、陈玲：《马克思主义生态观与环境冲突的化解》，《人民论坛》2015 年第 5 期。

容，在全球治理体系中占有重要地位。在"共商共建共享全球治理观念"中，生态治理也许是最容易达成共识的（当然，也存在着国家之间的利益冲突）。在全球治理过程中，要体现中国智慧、拿出中国方案。之所以说生态治理是通往生态文明之"消极路径"，是因为对于生态治理既可以做"积极的"解读即事前预防，也可以做"消极的"解读即事后治理；而且在很大程度上是指"事后治理"。如果生态治理仅停留在环境保护层面上，尤其是停留在"谁污染谁治理"层面上，那么只能说，生态治理是通往生态文明之"消极路径"。当然，如果"生态治理"超越"谁污染谁治理"层面，甚至超越"环境保护"层面，即贯彻"绿色发展"理念，那么就可以说，绿色发展是通往生态文明之"积极路径"。①

第二节　生态治理是加强生态安全保障的迫切需要

一　生态安全保障

（一）生态安全概念

生态安全是指人类在生产、生活与健康等方面不受生态破坏与环境污染等影响的保障程度，包括饮用水与食物安全、空气质量与绿色环境等基本要素。② 从狭义上讲，生态安全是指生态系统的安全，包括三类：一是自然生态系统的安全，包括森林、草原、荒漠、湿地、海洋等；二是人工生态系统的安全，包括城乡、经济、社会的安全；三是生物链的安全，包括动物、植物、微生物等，生物安全属于这个层次。生态安全具有整体性、综合性、区域性和动态性等特征。国家发展和改革委员会对国家生态安全的基本内涵做出明确解释，认为国家生态安全主要指一国具有支撑国家生存发展的较为完整、

---

① 王凤才：《生态文明：生态治理与绿色发展》，《华中科技大学学报》（社会科学版）2018 年第 32 期。
② 肖笃宁、陈文波、郭福良：《论生态安全的基本概念和研究内容》，《应用生态学报》2002 年第 3 期。

不受威胁的生态系统，以及应对国内外重大生态环境问题的能力。①

（二）生态安全现状

2017年2月，生态环境部与中国科学院对我国31个省、自治区、直辖市和新疆生产建设兵团2010—2015年的生态国情进行了调查评估。评估结果显示，随着生态文明建设的深入开展，我国生态系统格局整体稳定、局部变化剧烈，自然生态系统质量持续改善，生态退化范围减小、程度降低，生态服务功能有所提升，生态保护和恢复成效明显，生态状况总体呈现改善趋势。但受到工矿建设、资源开发、城镇和农田扩张等影响，我国生态空间被大量挤占，自然岸线和滨海湿地持续减少，局部区域生态退化等问题严重。全国生态环境依然脆弱，生态安全形势依然严峻，保护与发展矛盾依然突出。②

（三）生态安全地位及构建③

党的十九大报告深刻阐述了生态安全的重要性，指出要"坚定走生产发展、生活富裕、生态良好的文明发展道路，建设美丽中国，为人民创造良好生产生活环境，为全球生态安全做出贡献"。在生态环境已成为关系党的使命宗旨的重大政治问题和关系民生的重大社会问题的情况下，充分认识生态安全的重要性，有助于完善国家安全体制和安全战略，成为夯实国家安全体系的重要生态基石。

1. 生态安全事关国泰民安。把生态安全纳入国家安全体系，就是把生态环境问题与国家安全、人民生态权益紧密联系起来，把生态问题与政治问题、民生问题紧密联系起来，是一种新的安全观、政治观和幸福观。我国古代一直流传的"风调雨顺、国泰民安"就是一种朴素的生态安全观。马克思、恩格斯所说的"感性世界的一切部分的和谐，特别是人与自然的和谐"，鲜明地表达了人类对生态安全的价值诉求。

2. 维护好生态安全意义深远。在人与自然之间的关系越来越紧密，人、自然和社会的互动越来越频繁的情况下，生态安全已成为国家政治稳定、社

---

① 赵建军、胡春立：《加快建设生态安全体系至关重要》，《中国环境报》2020年4月13日第3版。
② 张蕾：《我国生态状况总体改善但安全形势依然严峻》，光明网，2018年9月30日。
③ 方世南：《生态安全是国家安全体系重要基石》，《中国社会科学报》2018年8月9日第1版。

会和谐安详、经济持续健康、民生幸福安康最为坚实和最为基本的构成要素。生态安全对政治安全、经济安全、国际安全、文化安全、意识形态安全、国土安全、资源能源安全等都产生重大影响，是国家安全体系的重要基石。

3. 着力构建生态安全型社会。党的十九大报告提出把我国建成富强民主文明和谐美丽的社会主义现代化强国的战略部署，其中蕴含了构建生态安全型社会的重大任务。构建生态安全型社会，要牢固树立生态文明理念，充分认识维护生态安全对于总体国家安全和人民幸福安康的重大意义；要加强生态安全管理，促进生态治理体系和治理能力现代化；要推进生态安全能力建设，提高国家生态安全智慧，增强国家生态安全韧性；要加强国际生态治理合作，促进全球生态安全。

二 生态治理与生态安全保障

生态治理是生态安全理念在具体的人类行为中必须遵循的观念和态度，是生态安全目标得以实现的重要途径和方法，因而生态治理属于具体运行或实践层面的内容。我国现阶段生态治理问题的实质是地方政府利益与中央政府利益、地方当前利益与国家长远利益、局部利益与整体利益之间冲突的表现，也即地方政府与中央政府在生态治理中存在利益的博弈，而双方的博弈结果将直接影响到生态治理的效果。[①]

将生态安全纳入国家安全体系，是推进国家治理体系和治理能力现代化、实现国家长治久安的迫切要求，对于促进经济社会可持续发展、加快生态文明建设具有重要意义和深远影响。并且，生态安全管理是一项庞大的系统工程，将生态安全纳入国家安全管理框架，有利于整合资源开发利用、环境管理、生态保护等众多领域，协调各主管部门职责与利益，建立起分工明确、协调统一的国家生态治理体系，促进生态治理现代化。另外，将生态安全纳入国家安全体系，有利于广大干部群众深刻认识到良好生态环境对实现中华民族永续发展的基础支撑作用，有利于进一步突出生态安全保障的重要地位。为此，迫切需要建设一批国家生态安全保障重大工程。近些年来，我国实施

---

① 王伟：《转型期中国生态安全与治理：基于 CAS 理论视角的经济学分析框架》，博士学位论文，西南财经大学，2012 年。

了一批重大生态保护与建设工程，取得了较为显著的成效。然而，部分工程建设在顶层设计上缺乏系统性和整体性，以"末端治理"为主，存在"头痛医头、脚痛医脚"的应急性特征。国家生态安全本身是一项重大的系统性工程，必须在国家层面加强顶层设计。要针对关键问题，整合现有各类重大工程，构建生态保护、经济发展和民生改善的协调联动机制，发挥人力、物力、资金使用的最大效率，实现生态安全效益的最大化。①

生态保护红线是保障国家生态安全的底线和生命线。随着工业化和城镇化快速发展，我国资源约束趋紧、环境污染严重、生态系统退化，可持续发展面临严峻挑战。同时，由于国土空间开发和保护不协调、不同步，一些应该保护的地方没有保护，不该开发的地方却被开发，"山水林田湖草"被人为地割裂开来。这造成部分重要的生态系统退化、生态资源消失、生态产品供给能力下降、生物资源严重流失；也导致环境质量下降、空气重污染频发、江河湖泊难有清澈。划定并严守生态保护红线，实施精准保护，已经成为当前保护自然生态、提升环境质量最紧迫的任务。②

我国西北地区受地理位置、气候条件和地形地貌等自然因素影响，是典型的生态脆弱区和环境敏感区。近两千多年来，人口增加、农业屯垦、政治更替、战争频仍使这一地区生态环境遭受重创。近几十年来，我国西北地区草原退化、土地荒漠化、水土流失使该地区生态环境进一步恶化。然而，该地区是我国重要的生态安全屏障，西部大开发至今实施的天然林保护、退耕还林还草、荒漠化治理等一系列工程措施，使该地区生态环境局部改善。

第三节　生态治理是实现生态现代化的长远需要

一　生态现代化

生态现代化研究，源自环境运动和环境改革。1962 年，美国海洋生物学

---

① 高吉喜：《生态安全是国家安全的重要组成部分》，人民网，http://theory.people.com.cn/n1/2015/1218/c83846－27946338.html。

② 孙秀艳：《守住国家生态安全的底线》，《人民日报》2017 年 2 月 8 日第 14 版。

家蕾切尔·卡逊（Rachel Carson）的《寂静的春天》，描述了破坏大自然的可怕后果，环境问题震惊了全世界，同时也唤醒了人们的环境意识。另外，生态现代化给国家和地方政府带来了环境收益。在这种背景下，20世纪80年代，德国学者约瑟夫·胡伯（Joseph Huber）提出了生态现代化理论。一般而言，生态现代化是现代化与自然环境的一种互利耦合，就是相互有利、互利互惠的相互作用；也是世界现代化的一种生态转型，即向符合生态学原理的发展模式转变。生态现代化有四层含义：首先，生态现代化是现代化的一次生态革命，是现代生态环境意识所引发的世界现代化的生态转型；其次，生态现代化是一个长期的、有阶段的历史过程；再次，生态现代化是一场持续100多年的国际竞争；最后，生态现代化具有绝对和相对两个视角。①

中国在经济增长过程中不断强化环境保护，追求经济增长与环境保护相协调，体现出生态现代化取向；但技术条件不足、经济发展不充分和不均衡、以制造业为支柱产业、带有鲜明的政府主导色彩，又使得中国生态现代化具有自身特点及风险。推进生态现代化可能有多种路径和模式，应正视其进程中的各种冲突，重视推进社会建设、保障社会公平正义，避免新的"绿与非绿"的二元社会分割，同时有必要从基于相互联系的全球社会视角反思生态现代化理论。②

中华人民共和国成立以来，中国共产党不断推进现代化建设的生态转向，逐渐探索出中国特色社会主义生态现代化建设道路与模式。在这个过程中，中国共产党完成了一系列理论与实践创新，实现了现代文明观的转型、现代化发展理念的重构、现代化建设模式的创新和全球视野的现代化探索，开创了人与自然和谐共生的现代化建设新格局。同时，中国共产党也获得了丰富的建设经验：生命共同体思想是生态现代化建设的理论基础；经济社会与资源环境相协调是对生态现代化建设规律的深刻认识；生态共享是生态现代化

① 邓爱华：《走中国的生态现代化之路——访中国科学院中国现代化研究中心主任何传启》，《科技潮》2008年第4期。
② 洪大用：《经济增长、环境保护与生态现代化——以环境社会学为视角》，《中国社会科学》2012年第9期。

建设的关键节点；党的领导是生态现代化建设的核心力量。①

二　生态治理与生态现代化

（一）生态治理的概念

"治理"概念源于拉丁文和希腊语的"引领导航"一词，原意是控制、操纵、引导；它是指在特定范围内行使权威、维持秩序，以最大限度地增进公共利益。治理的基本特征在于：（1）治理不是一套规则条例，也不是一种活动，而是一个过程；（2）治理的建立不以支配为基础，而以调和为基础；（3）治理同时涉及公共部门和私人部门；（4）治理并不意味着一种正式制度，而确实有赖于持续的相互作用。② 可见，治理是国家与社会、政府与非政府、公共机构与私人机构合作运用正式制度和非正式制度，对社会成员提供公共服务，对公共事务进行管理，协调不同利益群体的关系、化解矛盾的过程。③

生态治理是治理在生态环境领域中的运用，良好的生态治理即生态善治，是指政府部门、企业部门和公民社会部门根据一定的治理原则和机制进行更好的生态环境决策，公平和持续地满足生态系统和人类的目标需求，与传统的生态管理不同，生态治理最明显的特点就是行为主体的多元性、多样性及协调合作性。④ 也有人认为，生态治理是指在科学发展观的指导下，以遵循自然规律和客观实际为前提，以修复、保护生态环境为主旨，通过政府、企业、社会组织、公众等共同参与，着力创新理念思路、优化方法手段、完善体制机制、构建崭新格局，最终达到生态良好、经济发展、民生改善，实现人与自然、社会和谐相处的管理过程。⑤ 生态治理表面上是生态恢复和环境治理问

① 王英伟、魏雪晴：《新中国成立以来中国共产党生态现代化建设的创新实践与经验》，《理论探讨》2020 年第 1 期。

② 俞可平：《治理与善治》，社会科学文献出版社 2000 年版。

③ 巢哲雄：《关于促进国家生态环境治理现代化的若干思考》，《环境保护》2014 年第 42 期。

④ 王伟：《转型期中国生态安全与治理：基于 CAS 理论视角的经济学分析框架》，博士学位论文，西南财经大学，2012 年。

⑤ 林建成、安娜：《国家治理体系现代化视域下构建生态治理长效机制探析》，《理论学刊》2015 年第 3 期。

题，可它更是涉及物质文明、精神文明和政治文明的整个社会文明形态的变革。① 可见，生态治理必须是在节约资源、有效利用资源，使有限的资源实现效益最大化的基础上的治理行为，其最终目标是实现社会公正。

（二）生态治理的困境②

1. 生态治理理念认知缺失。观念上重经济效益轻生态效益。长期以来，我国经济粗放型增长特征显著，地方政府重经济轻环保，工业领域采用"开采—生产—消费—废弃"的生产模式，具有非循环、高耗能、高污染、高排放等特点，造成工业生产能耗、废水排放量、固体废弃物明显高于世界平均水平。政府对环保教育不够重视，环保教育流于形式，公众生态保护意识淡薄，大大忽视了城镇化进程中的生态风险。

2. 生态治理制度机制缺乏。缺乏生态保障机制导致生态环境恶化。在城镇化建设过程中，缺乏保护环境的机制。对环境产生重大影响的建设项目，缺乏有效的监督机制；生态环境遭受人为破坏后，没有必要的补偿机制，导致生态得不到修复；合理的价格机制的缺失导致农民土地被征用后权益难以得到保障。缺乏约束机制导致"城市病"加剧。一些地方政府简单地将城镇化理解为"造城运动"，过分追求规模经济，对城市规划建设缺乏必要的约束机制，导致各类园区一哄而起，大量农田被滥用，大量资源能源被消耗。环境法律法规体系不完善，环保部门执法不到位，环境监管机构种类杂乱责权不分，环境治理投入少等，都制约着我国城市生态环境治理力度。

3. 生态治理主体责任不明。城镇化建设是一项复杂的系统工程，需要政府、企业、公众等各方密切配合和共同参与，但目前却存在治理主体责任不明等问题。生态治理需要政府部门通力合作，但政府部门条块分割，很难发挥整体合力效能。就企业而言，企业是市场活动的主体，以追求利润最大化为目标，为增强竞争力千方百计降低成本，不愿过多投入资金进行生态治理。就公众而言，生态治理需要公众的积极参与，但由于缺乏必要的制度保障和参与途径，导致公众参与的积极性和主动性不高，影响着治理的广度和深度。

---

① 张劲松：《论生态治理的政治考量》，《政治学研究》2010 年第 5 期。
② 肖磊：《城镇化进程中生态治理困境与破解之道》，《光明日报》2014 年 11 月 2 日第 7 版。

（三）生态治理的目标

一是生态与经济、社会效益相结合。把绿起来作为生态治理的主要目标，同时还要积极探索国家生态效益、群众经济利益、社会公益效益最大化的林草治理模式，充分调动群众参与生态治理的积极性，不断巩固治理成果；二是造林与造景相结合。要按照"人文景观相结合、花草树木相配置、亭台雕塑相点缀、休闲娱乐相统一"的理念，提升景观效益；三是造林与水利、畜牧相结合。按照"林业增绿保生态、水利增水保成活、种草养殖富百姓"的原则，把林业、农牧、水利措施有机结合起来，宜林则林，宜草则草，移民、退耕、棚圈建设、小流域治理、水利配套要做到环环相扣；四是生态环境治理与新农村建设相结合。要大力改善工程区内和周边村庄的生态环境，促进产业结构调整，使农村环境越来越好、村庄越来越美、群众越来越富。①

---

① 武耀林：《把绿起来作为生态治理的主要目标》，《朔州日报》2011年4月11日第1版。

第二章　西北地区生态环境问题及其成因

我国西北地区地域广阔、资源丰富、民族众多，在我国的经济建设、社会稳定和国防安全等方面都具有重要的战略地位；同时，西北地区生态脆弱、环境敏感，在我国的生态安全方面也发挥着重要的屏障功能。

第一节　西北地区概况

从行政区划上看，西北地区主要包括陕西、宁夏、甘肃、青海和新疆五个省（区），面积约309万平方公里，约占全国土地面积的32.2%。西北地区仅沙漠和戈壁面积就达87万平方公里，约占该地区面积的28.2%，再加上其他裸地和荒地等，难以利用的土地共占该地区面积的47.1%。[①]

一　自然环境

（一）气候条件

西北地区地处欧亚大陆腹地，距海遥远，山脉阻挡了湿润气流，所以在该地区形成了温带大陆性气候。受其影响，该地区冬季严寒而干燥，有时会有暴风雪天气；夏季高温，降水较少且集中；气候干旱，气温的年较差和日较差比较大；多风沙天气，主要是偏北风，风力较强。

西北大部分地区年降水量少，从东部的400毫米左右，往西减少到200

---

① 吴钢、李静、赵景柱：《我国西北地区主要生态环境问题及其解决对策》，《中国软科学》2000年第10期。

毫米、50毫米以下，而蒸发量大，干旱是该地区的主要自然特征。新疆东部和塔里木盆地降水量更少，吐鲁番盆地西部的托克逊年降水量仅为5.9毫米，是全国降水量最少的地方。新疆北部准噶尔盆地受西风影响，来自大西洋和北冰洋的水汽可以进入盆地内部，降水量略多一点。

（二）地形地貌

西北地区主要位于我国地势的第一、二级阶梯，地形以高原、盆地为主，起伏较大，东中部是黄土高原、内蒙古高原，西部是青海高原、还有"三山夹两盆"（阿尔泰山，准噶尔盆地，天山，塔里木盆地，昆仑山）。塔里木盆地有我国最大的沙漠——塔克拉玛干沙漠，沙漠地区随处可见绵延起伏的新月形沙丘。

西北地区土质疏松、质地细匀，地表植被覆盖度低，风蚀地貌、荒漠地貌、黄土地貌是该地区典型的地貌类型。

（三）土壤植被

西北地区土壤贫瘠、土层浅薄。其中，黄土区土壤疏松，粉砂粒含量高，富含碳酸钙，水土流失严重；荒漠区土壤资源的性能低劣、绿洲区水土资源的利用比例失调是造成西北干旱区土地荒漠化、土壤盐渍化的根本原因；高原土壤的粗骨性、土层浅薄、有效肥力低加速草场的退化和沙漠化。[1]

受到降水量变化趋势的直接影响，西北地区植被自西向东大致为荒漠—荒漠草原—典型草原—森林草原。依据干湿程度，大致以贺兰山为界（相当于200毫米等降水量线），将西北地区划分为内蒙古温带草原地区和西北温带及暖温带荒漠地区。贺兰山以西的内蒙古西部、甘肃河西走廊、新疆两大盆地，由于降水越来越少，草原上的牧草越来越矮小稀疏，逐渐成为荒漠。荒漠地区主要为石质戈壁或沙丘，只生长极少数的胡杨、芨芨草、骆驼刺等耐旱植物。

（四）水文河湖

由于西北地区深居内陆，降水量少，蒸发强烈，所以河流少，水量小。

---

① 易秀、李侠：《西北地区土壤资源特征及其开发利用与保护》，《地球科学与环境学报》2004年第4期。

并且，河流主要以高山冰雪融水补给为主，汛期短，集中在夏季，冬季有断流现象。此外，由于地表植被覆盖度低，导致河流的含沙量大，常在河流出口形成冲积扇。河流沿途多沙漠、戈壁，水分大量蒸发、渗漏，下游多消失在沙漠中或汇入内流湖。其中，塔里木河是我国最长的内流河。湖泊也多为内流湖，如博斯腾湖、艾丁湖。

二 社会经济

（一）经济发展

改革开放以来，伴随着区域发展战略的演变和相继实施，我国西北地区经济也突飞猛进地发展，人民生活发生了翻天覆地的变化，主要表现为经济总量持续扩大，产业结构不断优化，新产业新动能加速成长，外向型经济发展壮大，人民生活水平明显提升。改革开放40年，西北地区经济发展仍存在区域发展差距较大、区域内省区间产业同构、区域经济创新驱动能力有待提高、经济活力不强、区域生态与经济发展不相协调、生态破坏时有发生、区域互利共赢发展的合力不足等问题。鉴于此，西北地区未来发展要持续推进市场化改革，着力增强经济发展的创新驱动能力，落实主体功能区规划，实现经济可持续发展，以"一带一路"为重点推进开放平台建设，着力加快革命老区以及民族、边疆、贫困等地区的经济发展，严格防范风险隐患。[①]

新疆、青海、甘肃、宁夏的广大草原，是我国重要的畜牧业基地。西北地区生产的肉、奶、毛、皮及其制造品，不仅满足当地人民生活和生产的需要，还大量输送到其他省市，并出口到国外，成为该地区重要的经济支柱。

（二）社会发展

改革开放以来，西北地区社会转型加速，在经历改革开放初期社会调整与变化、全面改革时期的社会变革、社会主义市场经济转轨时期的社会变革、和谐社会建设时期社会管理创新及十八大以来的社会治理创新后，社会建设取得了显著成效，但也面临区域差距持续扩大、人口老龄化显现、公共服务

---

① 罗哲：《改革开放 40 年来中国西北地区经济发展报告》（摘要），见张廉、段庆林、郑彦卿《西北蓝皮书：中国西北发展报告（2019）》，社会科学文献出版社 2019 年版。

建设相对滞后、社会治理方式单一、社会稳定压力加大等问题与困难。积极加强社会治理制度建设、全面完善基本公共服务体系、有效发挥社会组织积极作用、大力加强社区治理体系建设、加快社会心理服务体系建设、积极借助大数据提升社会治理能力，是当前和今后有效破解社会建设难题的重要举措。①

第二节　主要生态环境问题

西北地区生态环境的基本特征是：干旱少雨，水资源匮乏；森林稀少，植被覆盖率低；沙漠戈壁面积大，超过半数以上的土地不能或暂难利用；黄土高原水土流失严重，土地沙漠化、盐渍化加剧；工业规模的不断扩大，特别是矿产资源的大规模开发，也带来了严重的环境问题。② 同时，在污染物减排、环境质量改善、环境基础设施建设、生态文明意识培养等方面还存在一些不足。

一　水土流失

西北地区植被稀少，水土流失严重，主要分布在黄土高原、黄河上中游，水土流失面积约占黄河上中游流域总面积的 2/3，是世界上水土流失最严重的地区之一。其中，黄土丘陵沟壑区和黄土高原沟壑区是水土流失主要分布区，总面积约 25 万多平方公里，一般侵蚀模数为 5000—10000 吨/（年·平方公里），少数地区高达 20000—30000 吨/（年·平方公里）。以陕西省为例，水土流失面积曾达 13.75 万平方公里，占全省面积的 67%，每年输入黄河、长江的泥沙量约 9.2 亿吨，占全国江河总输沙量的 1/5。黄河中游 138 个水土流失重点县中，陕北和渭北黄土高原区就有 48 个。③

---

① 陈玮、张生寅：《改革开放 40 年来中国西北地区社会发展报告》（摘要），见张廉、段庆林、郑彦卿《西北蓝皮书：中国西北发展报告（2019）》，社会科学文献出版社 2019 年版。
② 吴新年：《西北地区生态环境的主要问题及其根源》，《干旱区资源与环境》1998 年第 4 期。
③ 杨正亮、吴普特：《西北地区水土流失问题及生态农业建设对策》，《安徽农业科学》2007 年第 8 期。

在西北地区，由于多年来不合理的人类活动，地表植被遭到严重破坏，水土流失形势严峻。森林、草场植被破坏导致土层减薄，水源涵养功能降低，地下水位下降，地表土壤沙化。同时，在绿洲的边缘地带和山麓地区，拥有绿洲农业和灌溉农业，由于不适当的人类活动，如过度砍伐、过度开垦、不合理地利用水资源，都容易破坏原本就极其脆弱的生态环境。再加上夏季气温高，高山冰雪融水形成暂时性的洪峰，可能造成水土流失。作为水土流失的重灾区，西北地区水土流失直接影响土地生产力，同时引发一系列生态灾难和环境问题，很大程度上影响了该地区的可持续发展，另外也明显地影响了黄河、长江等主要水系的水体质量和灾害治理。

二　土地荒漠化

土地退化是自然因素与人为因素共同作用的结果，防治土地荒漠化是我国的一项重要战略任务。根据《联合国防治荒漠化公约》的定义，荒漠化是指包括气候变异和人类活动在内的种种因素造成的干旱、半干旱和干旱亚湿润地区的土地退化。有以下类型：（1）水蚀引起的荒漠化，即狭义的水土流失。(2) 风蚀引起的荒漠化，即狭义的沙漠化。(3) 土壤盐渍化。(4) 冻融荒漠化。(5) 沙尘暴，既是土地沙质荒漠化（沙漠化）发展到一定程度的表现，又是土地沙漠化灾害的暴发过程。

土地荒漠化是西北地区较为严重的生态环境问题。由于西北地区远离海洋，加上多高大山脉，特别是青藏高原隆升对水汽的阻隔，该地区成为全球同纬度地区降水量最少、干旱程度最高的地区，自然景观以草原和荒漠为主。又由于水资源缺乏，地质时期自然过程形成的原生沙质荒漠和砾质荒漠，改造难度极大。20 世纪中后期至 21 世纪初期，移民开垦、过度放牧、过度樵采、不合理利用水资源等活动引发了土地荒漠化问题。近些年来，在工矿、居民点和道路等建设过程中，环境保护重视不够，破坏植被、污染水源、弃土弃渣等行为进一步加剧了土地荒漠化。

三　水资源短缺

在发展社会经济和保护生态环境的矛盾中，最突出的是水资源的配置。

西北大部分地区处于干旱、半干旱地带，降水量少，蒸发量却为降水量的4—10倍，致使水资源十分短缺。有限的水资源既要支撑经济社会发展，还要保障生态环境安全，西北地区水资源供需矛盾突出。

在经济结构调整、节约用水和高效用水的前提下，为了全面建成小康社会和实现我国第三步战略目标，西北地区需水高峰预计在2030年前后出现。要满足经济社会系统发展的水资源需求，将在现有供水能力基础上，还需要每年增加85亿立方米的供水能力。这就要求：西北地区应以全面建设高效、节水、防污的经济与社会为总体目标，水资源开发利用应优先保障生态环境合理用水要求。西北地区主要利用地表水资源，以引水和提水工程为主，蓄水工程供水量占河川径流量的比重仅为17.1%，对径流控制能力不够，农业春旱严重。地下水开发利用程度总体不高，但局部地区出现严重超采。为此，西北地区应以大力调整产业结构、用水结构和灌区节水改造为主，同时加快黄河支流和内陆河出山口控制性蓄水工程建设，在对水资源需求加强控制和管理情况下，积极加快重大调水工程前期工作力度；在继续强化节水和提高用水效率，在改善生态环境的基本前提下，可重点建设包括西线南水北调工程和新疆的一些大河流域开发工程等一批重大水利工程。农业节水亟待加强。目前西北地区灌溉定额偏高、农业用水所占比重过大（全地区达到89.4%，内陆河流域达93.8%），导致农业用水大量挤占生态环境用水，是造成该地区生态环境退化、局部地区恶化和土地质量下降的主要原因。本区域用水效率十分低下，单方用水GDP产出量为5.8元/立方米，不足全国水平的1/3。为此，西北地区必须要调整产业结构、提高用水效率，建设高效节水防污的现代化农业和国民经济生产体系。[①]

根据预测，未来西北地区经济社会系统耗用的水资源量将增加约40亿立方米，其中西北黄河流域和内陆河流域均分别增加20亿立方米左右。如果实施西线南水北调工程一期工程，调水40亿立方米，在满足西北黄河流域经济社会系统新增用水要求下，则尚可增加10亿立方米以上生态环境用水量或调剂下游。西北黄河流域要加快渭河和黄土高原水土流失区综合治理步伐，进

---

① 中国工程院"西北水资源"项目组：《西北地区水资源配置生态环境建设和可持续发展战略研究》，《中国工程科学》2003年第4期。

一步强化以流域为基础的分省水资源总量和排污量的控制。内陆河流域经济社会系统耗水量主要增加在伊犁河和额尔齐斯河两流域。新疆地区在强化节水、调整产业结构、合理调配水资源，以及实施北水南调工程和塔里木河流域综合治理后，北疆地区和南疆地区的生态环境状况可以实现不比现状恶化、并局部地区有所改善的总体目标。从新疆地区的生态环境保护与经济社会可持续发展要求看，存在着从伊犁河向北疆调水和向塔河调水的可能性。河西内陆区目前生态环境用水量亏缺严重，生态环境状况日益恶化，通过退耕休牧还草和退耕还林以及执行黑河分水方案等综合措施后，还需要实施外流域生态调水工程建设。①

四　森林草原退化

西北地区不仅土地荒漠化分布面积广，而且由于植被减少、草场退化等种种原因，沙漠向绿洲侵蚀的速度可能加快。同时，扬尘会严重影响作物的生长发育，并污染牧草致使牲畜患病死亡。

第三节　成因分析

一　自然因素

（一）气候变化

与东部地区相比，西北地区水、热气候条件的综合状况并非良好。具体而言，西北大部分地区属于暖温带、中温带和高原亚寒带，包含半干旱、干旱、极干旱等气候大区。总体上，西北地区降水量少，年平均降水量基本上在400毫米以下，大约一半以上地区的年平均降水量少于100毫米，而年蒸发量却高达2000毫米以上。并且，西北地区降水量的变率大，基本上都在20%以上，干燥度系数基本上都在1.6以上（干燥度系数通常被用来表示水

　　①　中国工程院"西北水资源"项目组：《西北地区水资源配置生态环境建设和可持续发展战略研究》，《中国工程科学》2003年第4期。

分的有效获得程度，它表示为最大可能蒸发量与降水量的比值。干燥度系数
1.6—3.5 的相应自然景观为草原、3.5—16.0 的为半荒漠、16.0 以上的为荒
漠）。以≥0℃积温为指标，将西北干旱农业气候大区划分为 2 个农业气候带，
即干旱中温带和干旱南温带，以下包含东胜—兰州区等 7 个农业气候区。由
各区的农业气候指标分析可知，除塔里木—哈密盆地区的 0℃积温为 4000—
5700℃且热量较丰富外，其他农业气候区的 0℃积温都在 3000—4000℃ 或
3000℃以下，水分、热量条件都不充足。[①]

同时，全球气候变暖的趋势明显。气温升高和降水减少导致江河源头地
区冰川后退、雪线上升、水量减少，致使生态环境脆弱的西北地区更是雪上
加霜，进而加剧了生态环境恶化的速度。

（二）土壤植被

由于气候、成土母质、植被及水文地质等条件的不同，西北地区土壤表
现出不同的地带性特征。西北黄土高原区主要包括陕西的中部和北部、甘肃
的东北部、青海东部和宁夏东南部，黄土是本区主要的成土母质，深厚、疏
松、质地细匀、垂直节理发育、透水性强，机械组成中粉砂含量常在 50% 以
上，含有大量碳酸钙。该区分布的土壤主要有塿（lǒu）土、黑垆土、黑绵土
等。西北干旱区主要包括新疆、青海西北部、甘肃河西走廊等地。土壤类型
具有平原区水平地带性和山地垂直地带性的分异规律。平原区由草甸草原的
黑钙土继续向干旱地区过渡，相继出现栗钙土、棕钙土、灰漠土和棕漠土。
在广阔的荒漠中分布着绿洲土壤，如灌耕土。另外，该区干旱和强烈蒸发的
气候，造成土壤淋溶和脱盐过程极度微弱，而积盐过程却占主导地位。因此
土壤类型除了上述几种外，还分布有大面积的盐碱土；随海拔高度变化，山
地土壤类型由低到高呈现灰钙土、黑钙土（栗钙土）、灰褐土、高山草甸土、
寒漠土的分布带谱。青藏高原由海拔 4000 米以上的高山和山原组成。冬寒夏
凉，封冻期长，具有独特的自然条件。高原面的基带土壤以寒漠土、高山荒
漠草原土面积最大，其次为高山草原土及分布于唐古拉山南麓长江源头区的

---

① 张德二：《历史记录的西北环境变化与农业开发》，《气候变化研究进展》2005 年第 2 期。

高山草甸土。此外还有风沙土、盐土、石膏荒漠土和碱土等。①

受到降水、气温、地貌、土壤等影响，西北地区植被覆盖度呈现出由东南向西北递减的趋势。陕南陇南山地为地带性森林植被，天然森林虽不多，但植被覆盖较好。虽然这里的植被自然恢复能力较强，但多石山，表土很薄。由于坡陡、降水多，一旦植被破坏，表土很快流失，形成寸草不生的裸石山。黄土高原区为地带性草原植被，只有突起在高原上的较高山岭阴坡有针阔混交林分布。经过人类长期的垦殖、过度放牧和大量砍伐，草地退化，林线抬升，森林收缩成片状，黄土高原的植被遭到严重破坏。河谷川道、塬地、台地和较平缓的坡地都垦殖为耕地，只有一些较陡的丘陵山地为稀疏的草地。植被衰退造成了严重的水土流失。干旱区为荒漠和荒漠草原地带，有面积广阔的荒漠草场，也有大面积的沙漠戈壁。生长旱生或超旱生植物，植被覆盖度很低。天山、昆仑山等一些海拔较高的山地，有森林和草甸草场，植被覆盖较好，是涵养水源的地方。内陆河流经的地方，或泉水出露带、地下水位较浅处，形成了岛屿状的绿洲。由于人们对水资源的大规模开发利用，人工绿洲的面积扩大了，而天然绿洲萎缩了。青海高原为高寒草原地带，其中柴达木盆地为荒漠地带，植被稀疏，有大片裸露的石山、沙漠、戈壁和风蚀地；高山地带为高寒草甸、高寒草原和高寒灌丛；海东黄河上游地区有一些森林和温性草原。近些年来，受气候变暖和人为活动的影响，草地退化明显。②

二 经济活动

（一）屯田开荒

在漫长的农业社会中，以屯田开荒为主要形式的开发活动在较长时期和较大范围内影响着西北自然生态系统的变化，形成了西北地区荒漠的缓慢扩张。西北大规模的屯田活动始于西汉。汉武帝在收复河西、控制西域后，曾将内地大批人口迁至河西和新疆，以自然绿洲为依托引渠水灌溉农田。同时在黄土高原也开始毁林毁草开垦。曹魏时期，曹操发布《置屯田令》，认为西

---

① 易秀、李霞：《西北地区土壤资源特征及其开发利用与保护》，《地球科学与环境学报》2004年第4期。

② 牛叔文：《西北地区生态环境治理分区研究》，《甘肃科学学报》2003年第2期。

汉 "孝武以屯田而定天下"，继续坚持西北屯田。隋唐时期，西北屯田开发进入新一轮高潮，农耕业在西北普遍推广。此前人们开荒主要是在平原地带，自唐以后屯田又向深度发展，开始毁坏山地林草，开垦山地。这种现象在北方主要集中在黄土高原。① 明清时期的西北屯田规模很大。明代在陕北屯田，据《明径世文编》记载自永宁（今离石）至延安、绥德途中 "即山之悬崖峭壁，无尺寸不耕"；清朝将黄土高原北部和鄂尔多斯高原数以百万计的草原开垦为农田。② 在甘肃敦煌一次迁来的屯田户就有 2405 户之多。③ 在新疆也有大规模屯田的记载。中华人民共和国成立后，西北地区特别是甘肃、青海、新疆在建设大西北的号召下屯田开发又进入新的发展时期。④

　　人类漫长的屯田开发史，在局部地区、具体时段内对生态环境的影响似乎是微不足道的，但是综观其整个历史时段的影响又是十分惊人的。西北屯田区基本属于干旱地区，一种是将原来的森林草原植被毁灭后开垦，如黄土高原，造成自然生态系统的破坏，导致严重的水土流失和荒漠化。再一种是以自然绿洲为依托，引用河水灌溉，开辟新的人工绿洲，如新疆、甘肃河西和青海。但是，这些地区流域中游的人工绿洲开发常常以流域下游天然绿洲的大面积荒漠化为代价。现在新疆塔里木河下游库尔勒地区、河西石羊河下游的民勤盆地、黑河下游的内蒙古额济纳旗，就曾经历这种痛苦的转化。如黑河流域沙漠化发展速度达 2.6%—6.8%，成为世界上现代沙漠化发展最强烈的地区之一。⑤ 另外，在屯田开发中，由于当时生产力低下或其他经济、政治、自然的因素，撂荒地经常出现。这些土地失去原始植被的保护，不可避免地出现了沙化。自古以来，新疆的南疆地区农耕业发达，千百年来人类经济活动在生态环境变迁中留下了深深的痕迹。且末至若羌及和田，普遍出现了沙漠南移、绿洲后退的情景。和田附近，已知的有一定影响的古代遗迹，其中绝大部分被沙漠吞噬。现代交通干线所联络的县城都在古遗址以南靠近

　　① 傅筑夫：《中国封建社会经济史》，四川人民出版社 1986 年版。
　　② 吴传钧：《中国经济地理》，科学出版社 1998 年版。
　　③ 刘普幸：《河西人口与绿洲资源、环境、经济发展研究》，《干旱区资源与环境》1988 年第1 期。
　　④ 吴晓军：《论西北地区生态环境的历史变迁》，《甘肃社会科学》1999 年第 4 期。
　　⑤ 程国栋、肖笃宁、王根绪：《论干旱区景观生态特征与景观生态建设》，《地球科学进展》1999 年第 1 期。

昆仑山的地带上。[①] 在塔里木盆地北缘，汉代屯田区早已荒废，而居民点不断向北移，塔里木河老河床位于现在河床以南 80—100 公里的沙漠中。[②] 在河西走廊的黑河沿岸，汉唐时期所谓的黑水国遗址也被黄沙掩埋。这些都揭示了千百年来沙进人退的痛苦历史。[③]

（二）超载放牧

草地上承载的牲畜数量在不断增加，牲畜与草地的矛盾变得尖锐起来。从大牲畜的头数上看，1950—2000 年西北各省区的大牲畜数量都出现了明显的增长，增长幅度在 87.85%—148.38%，其中甘肃、宁夏、新疆的增长幅度相对更大。而陕西、内蒙古、青海三省区增长幅度相对偏低。除了大牲畜数量的增加以外，20 世纪后期，养羊的数量相对增加较快。这在西北地区表现得十分突出。1950—2000 年，西北各省区的羊只数量都有了一定的增长，而且羊的数量增长远远快于大牲畜的增长，说明养羊更符合广大农牧民的发展需求。但是，各省区的增长也带有明显的不平衡性。内蒙古、陕西、新疆的增长速度相对较快，而甘肃、青海、宁夏的增长速度相对较慢。在草原面积相对于过去有所减少而承受的大小牲畜在不断增加的状况下，西北各省区草原超载、草地生态环境恶化的问题就十分突出了。在新疆，一些条件好的河谷的超载放牧幅度一般在 20%—50%，部分地区更是高达 1 倍以上。[④]

三 社会政治

（一）人口迅速增长

受自然生态环境的制约，西北地区曾以人烟稀少，文化、经济落后而著称。中华人民共和国成立后，伴随着西部工业化进程，呈现出人口增长过快的现实。中华人民共和国成立以来，西北地区经历了一个较长的人口快速增长期。1949—1982 年人口年均增长率高达 25.96‰，高出全国同期水平 37.6

---

① 杨镰：《荒漠独行——西域探险考察热点寻迹》，中央党校出版社 1995 年版。
② 成一、赵昌春、梁鸣达等：《丝绸之路漫记》，新华出版社 1981 年版。
③ 吴晓军：《论西北地区生态环境的历史变迁》，《甘肃社会科学》1999 年第 4 期。
④ "西北生态建设战略"课题组：《改善西北生态环境的宏观战略》，《经济研究参考》2004 年第 28 期。

个百分点。1982—1999 年,人口快速增长的势头得到一定程度遏制,年均增长率有所下降,但人口增长速度仍高出全国同期水平 14.6 个百分点。人口增长速度较快导致西北人口在全国的比重不断上升,1982 年西北人口占全国的6.88%,到 2003 年,已上升到 7.23%。据统计,2019 年西北地区人口总量已达 10349.34 万人,占全国总人口的 7.41%。①

人口的迅速增长,对生产与生活的各种资源与环境自然造成较大的压力,尤其是在一些生态相对脆弱的区域,环境对人口的容纳量是有限的,在体制、技术、政策等方面的外在因素相对稳定的情况下,不断增长的人口压力也就转化成不断增长的环境压力。人口增长过快,过度垦荒、放牧和生活用木材采伐对森林破坏极为严重。如甘肃从中华人民共和国成立至 80 年代以前,遭受严重破坏的森林达 449 万亩,占天然森林面积的 17.4%;天然草场的退化面积已达 10693 万亩,占全省可利用草场面积的 40%,致使沙漠化土地面积不断扩大,其中人为造成的沙漠化面积达 1972.87 万亩;水土流失面积达39.61 万平方公里,占全省土地面积的 87%,耕地平均每亩年流失土壤3—5吨,年流失水量 40—50 立方米。其余四省的情况与甘肃大同小异。②

(二) 王朝更替,修殿筑城

大修宫殿、城邑、陵墓,耗用了大量林木。如秦咸阳城经百余年的营建,至秦始皇时渭河南有"诸庙及章台、上林",在上林苑中营造朝宫,"前殿阿房……上可以座万人,下可以建五丈旗",另有兴乐宫、兰池宫、钟宫、望夷宫、信宫等。秦每灭一国在咸阳北原仿修其宫殿一座,并有甘泉宫前殿以甬道与咸阳相连。有"咸阳之旁二百里内,宫观二百七十",皆以"复道甬道相连"的记载。建造如此庞大的城池和宫殿群,所耗费的木材必然是巨大的。唐代诗人杜牧在《阿房宫赋》中说"蜀山兀,阿房出。……五步一楼,十步一阁。……负栋之柱,多于南亩之农夫。架梁之椽,多于机上之女工",便是对其生动而深刻的揭露。西汉长安城周长 65 里,城里除有长乐、未央等宫殿外,还有 8 街 9 市 160 巷里,总面积约 973 公顷,其规模可与当时的欧洲罗马

---

① 《2015 年西北地区人口将突破一亿》,http://www.cctv.com/news/china/20050807/100909.shtml。
② 《生态环境约束下西北地区产业结构调整与优化对策》课题组:《工业化进程与西北地区生态环境的变迁》,《开发研究》2003 年第 2 期。

城相媲美。建造这样一座都城必然要耗用大量木材，因此其对森林的破坏可想而知。另外，秦汉时期厚葬成风，这一习俗对生态环境的破坏也是严重的。如考古发现，凤翔秦公一号大墓（秦景公墓）的主、副椁室共用 480 根柏木枋垒成，体积约 150 立方米，另外 70 具箱殉共用松木 23.1 立方米，94 具匣殉共用松木 13.1 立方米，还有为防湿而填充的木炭 240 立方米。据测算，仅此一椁室共用木材约 426 立方米，约需砍伐 662 棵百年大树。在凤翔一带现已探测出这样的大墓近 50 座，占地 31584 亩，由此可想需要砍伐多少大树！秦始皇陵是中国古代最大的陵墓，其主陵的详细情况尚不得知。现已探明，在主塚东边的一、二、三号兵马俑坑共用木材约 8000 立方米，约需砍伐近万棵百年大树。在主塚周围还有 140 多个殉葬坑，每座殉葬坑都是用枋木垒出四壁并有木盖，也耗用了大量木材。汉承秦制，在关中就有 11 座帝王陵，每座主陵周围都有大批殉葬坑，每座殉葬坑也都是以松柏枋木垒出四壁并加盖，仅汉景帝阳陵就已探明殉葬坑 126 个，这些帝陵对木材的耗用量之大可想而知。另外，青铜器、铁器冶炼和烧陶也耗用了不少木材。

隋、唐都城都在长安，但与西汉长安城并非一地。西汉长安城在汉末遭受严重破坏，隋、唐长安城另行建设且规模空前，这就需要大量的木材。如唐长安城周长 35.5 公里，面积 84 平方公里，约为今西安市城墙内城区面积的 6.5 倍。城北部为宫城区，由大明宫、兴庆宫等大型宫殿组成；城中部为皇城区，由南北 7 条大街和东西 5 条大街交织组成；城南部为市民区，有南北 11 条大街，东西 14 条大街，114 街坊。建造如此庞大的城市必然要耗用大量的木材。当时建城木材首先就近从终南山采伐，并在长安城南开凿一条漕渠以运南山之木。在终南山之木不能满足需要后，采伐范围就远及岐山和陇山（《新唐书·地理志》），并从宝鸡到咸阳开凿升原渠，引水漕运岐、陇两山的木材到长安。唐代还在今宝鸡、眉县、周至、户县等地设立监司，专管附近山中林木的采伐。①

（三）战乱频繁

自古以来，西北就是多民族聚居区，民族冲突与融合是社会进程中的主

---

① 李润乾：《古代西北地区生态环境变化及其原因分析》，《西安财经学院学报》2005 年第 4 期。

要问题之一。从上古黄帝与神农"战于阪泉之野"、舜禹南征三苗的传说开始,部落之间、氏族之间以至民族之间、国家之间的冲突就层出不穷,如隋末战乱频繁,618 年隋灭亡时,陕西人口只剩下 178 万,关中的许多田地再次荒废。再如唐代安史之乱(755—763 年)时,农民税赋加重,大批贫民由关中逃到陕北垦荒维持生计,官府又将官营的牧场、盐场撤销任由农民、士卒垦种,这就使陕北高原大量丘陵坡地被开垦成农田,林木、草场面积缩小,水土流失加剧。十六国时,今毛乌素沙漠一带仍是"临广泽而带清流",一派草原风光。夏国首领赫连勃勃选择这里,建起了都城统万城(今靖边县白城子)。唐初,夏州城郊区仍田禾弥望,但 200 多年后,即 8 世纪末 9 世纪初时,这里已是一片荒沙,许多唐代诗人称这里为"沙塞""沙碛"和"风沙满眼"。唐穆宗长庆二年(822 年)时,更是"夏州大风,飞沙为堆,高及城堞"。[①] 元代兴兵至地中海沿岸,明朝曾与蒙古长期对抗,清朝用兵青海、新疆、甘肃、陕西等。每次大的战乱,人民死亡逃徙,土地荒芜,环境破坏,社会停滞甚至倒退。如清同治年间,清军与回民军作战于皋兰山时,山上森林被焚烧一空,"庐舍尽焚,田园荒废"。

---

① 李润乾:《古代西北地区生态环境变化及其原因分析》,《西安财经学院学报》2005 年第 4 期。

▶ 理论篇 ◀

第三章　生态治理的基础理论

生态要治理，环境需改善，这是人类针对生态环境问题形成的共识。面对全球性生态环境问题，世界各国尤其是欧盟国家纷纷采取行动。如何保护和改善生态环境，实现经济社会发展与生态环境保护双赢，是中国现代化建设中必须破解的一道难题。在资源约束趋紧、环境污染严重、生态系统退化的严峻形势下，作为决定人类社会、经济、生态是否可持续发展的重要因素，生态治理受到空前关注，正成为现代社会治理的主要模式和方向。[①] 因此，生态治理需要科学理论作基础。

第一节　生态文明理论

推进生态文明建设必须实现生态治理现代化，这是国家治理现代化的重要部分，也是"坚定走生产发展、生活富裕、生态良好的文明发展道路"的必然选择。[②]

一　理论背景

对人与环境之间和谐关系的思考横贯古今中外。中国古代思想家积极倡导"天人合一"；在工业文明前夜的 1798 年，英国神学家、经济学家马尔萨斯曾警告人口呈几何级数增长的潜在危险；19 世纪末，美国学者乔治·马奇

---

① 余敏江：《生态治理评价指标体系研究》，《南京农业大学学报》（社会科学版）2011 年第 1 期。
② 俞可平：《生态治理现代化越显重要和紧迫》，《北京日报》2015 年 11 月 2 日第 17 版。

指责人类的生产活动已经威胁到环境，可惜这一诤言被淹没在征服大自然的赞美声中；恩格斯曾告诫"我们不要过分陶醉于我们人类对自然界的胜利。对于每一次这样的胜利，自然界都对我们进行报复"。进入20世纪，越来越多的有识之士进一步关注环境问题。美国著名环境保护主义者奥尔多·利奥波德在《沙乡年鉴》中提出大地伦理理论，将人和大地的关系置于和人与人、人与社会相互关系同等重要的伦理层次之上；1962年，美国海洋生物学家蕾切尔·卡逊（Rachel Carson）的著作《寂静的春天》揭示了农药对人体健康的危害性，开始了环境保护的新时代；1972年，联合国在斯德哥尔摩举行第一次人类环境会议，通过了《人类环境宣言》，同年罗马俱乐部发表了《增长的极限》，提出了五个基本问题：人口爆炸、粮食生产的限制、不可再生资源的消耗、工业化及环境污染；1987年，世界环境与发展委员会在《我们共同的未来》报告中，为世界各国的环境政策和发展战略提出了可持续发展原则。至此，世界各国开始高度重视资源、环境、人与自然关系等诸多问题。① 改革开放以来，伴随着经济突飞猛进，社会深刻变化，人民生活日益改善，综合国力大幅提升，我国也付出了沉重的资源、环境代价。

进入21世纪以来，我国把以保护环境、节约资源为主要内容的生态文明建设作为战略重点。2007年，生态文明理念被写入党的十七大报告；2012年，党的十八大报告进一步把生态文明建设摆在突出地位，融入经济建设、政治建设、文化建设、社会建设各方面和全过程，提出优化国土空间开发格局、全面促进资源节约、加大自然生态系统和环境保护力度、加强生态文明制度建设四项基本内容，并使之成为关乎人民福祉、建设美丽中国、实现中华民族永续发展的长远大计。② 党的十八届三中全会进一步阐述了生态文明的内涵，明确提出要紧紧围绕建设美丽中国深化生态文明体制改革，加快建立生态文明制度，划定生态保护红线。③ 到党的十八届五中全会提出绿色发展理念，说明党和国家把经济发展和环境保护提到了新的战略高度。习近平总书记

---

① 崔艳红：《生态文明与科学发展——从"十七大"提出的生态文明理念解读中国的科学发展道路》，《淮海工学院学报（社会科学版）》2008年第3期。

② 王毅：《中国未来十年的生态文明之路》，《科技促进发展》2013年第2期。

③ 张爽、陈玥：《李克强力推四大重点生态工程　构筑绿色保护屏障》，新华网，2013年12月19日。

强调，纵观人类文明发展史，生态兴则文明兴，生态衰则文明衰。十九大报告明确指出，我们要建设的现代化是人与自然和谐共生的现代化，既要创造更多物质财富和精神财富以满足人民日益增长的美好生活需要，也要提供更多优质生态产品以满足人民日益增长的优美生态环境需要。同时指出，生态文明建设功在当代、利在千秋。我们要牢固树立社会主义生态文明观，推动形成人与自然和谐发展现代化建设新格局，为保护生态环境做出我们这代人的努力。① 可以说，十九大报告为未来中国的生态文明建设和绿色发展指明了方向、规划了路线。

二　理论观点

（一）生态文明的核心问题是正确处理人与自然的关系

人与自然的关系是人类社会最基本的关系。大自然本身是极其富有和慷慨的，但同时又是脆弱和需要平衡的；人口数量的增长和人类生活质量的提高不可阻挡，但人类归根结底也是自然的一部分，人类活动不能超过自然界容许的限度，即不能使大自然出现不可逆转的丧失自我修复的能力，否则必将危及人类自身的生存和发展。生态文明的核心是坚持人与自然和谐共生，它所强调的就是要处理好人与自然的关系，获取有度，既要利用又要保护，促进经济发展、人口、资源、环境的动态平衡，不断提升人与自然和谐相处的文明程度。②

（二）生态文明的本质要求是尊重自然、顺应自然和保护自然

尊重自然，就是要从内心深处老老实实地承认人是自然之子而非自然之主宰，对自然怀有敬畏之心、感恩之情、报恩之意，决不能有凌驾于自然之上的狂妄想法。顺应自然，就是要使人类的活动符合而不是违背大自然的客观规律。当然，顺应自然不是任由自然驱使、停止发展甚至重返原始状态，而是在按客观规律办事的前提下，充分发挥人的能动性和创造性，科学合理地开发利用自然。保护自然，就是要求人类在向大自然获取生存和发展之需

---

① 习近平：《决胜全面建成小康社会　夺取新时代中国特色社会主义伟大胜利》，人民出版社2017 年版，第 50、52 页。

② 马凯：《坚定不移推进生态文明建设》，《求是》2013 年第 9 期。

的同时，要呵护自然、回报自然，把人类活动控制在自然能够承载的限度之内，给自然留下恢复元气、休养生息、资源再生的空间，实现人类对自然获取和给予的平衡，多还旧账，不欠新账，防止出现生态赤字和人为造成的不可逆的生态灾难。[①]

（三）生态文明的基本特征是全球性和动态性

在空间维度上，生态文明是全人类的共同课题。人类只有一个地球，生态危机是对全人类的威胁和挑战，生态问题具有世界整体性，任何国家都不可能独善其身，必须从全球范围考虑人与自然的平衡。在时间维度上，生态文明是一个动态的历史过程。人类发展的各个阶段始终面临人与自然的关系这一永恒难题，生态文明建设永无止境。人类处理人与自然的关系就是一个不断实践、不断认识的解决矛盾的过程，旧的矛盾解决了，新的矛盾又会产生，循环往复，促进生态文明不断从低级向高级阶段进步，从而推动人类社会持续向前发展。建设生态文明，就是要求人们自觉地与自然界和谐相处，形成人类社会可持续的生存和发展方式。[②]

我们所追求的生态文明，就是要按照科学发展观的要求，走出一条低投入、低消耗、少排放、高产出、能循环、可持续的新型工业化道路，形成节约资源和保护环境的空间格局、产业结构、生产方式和生活方式。生态文明是人类社会与大自然和谐共处、良性互动、持续发展的一种高级形态的文明境界，其实质是建设以资源环境承载力为基础、以自然规律为准则、以可持续发展为目标的资源节约型、环境友好型社会。

（四）生态文明的核心要素是公正、高效、和谐和人文发展

公正，就是要尊重自然权益实现生态公正，保障人的权益实现社会公正；高效，就是要寻求自然生态系统具有平衡和生产力的生态效率、经济生产系统具有低投入、无污染、高产出的经济效率和人类社会体系制度规范完善、运行平稳的社会效率；和谐，就是要谋求人与自然、人与人、人与社会的公平和谐，以及生产与消费、经济与社会、城乡和地区之间的协调发展；人文

---

① 马凯：《坚定不移推进生态文明建设》，《求是》2013 年第 9 期。
② 马凯：《坚定不移推进生态文明建设》，《求是》2013 年第 9 期。

发展，就是要追求具有品质、品味、健康、尊严的崇高人格。公正是生态文明的基础，效率是生态文明的手段，和谐是生态文明的保障，人文发展是生态文明的终极目的。[①]

三　理论启示

(一)　生态文明是开展生态治理的价值目标

生态文明建设写进党的十八大报告，列为当代中国"五大建设"之一，标志着党的生态意识的革命性提升，意味着生态问题的时代性自觉。进一步的工作，是将这种意识转化为公众共识、有效政策和自觉行动，积极开展生态治理。加强生态治理，需要反思现代化进程中的生态文明关系，探寻兼顾回归与超越双重价值的内在统一。[②]

生态文明建设是新时代中国特色社会主义事业的重要内容，关系人民福祉，关乎民族未来，事关"两个一百年"奋斗目标和中华民族伟大复兴中国梦的实现。党中央、国务院高度重视生态文明建设，先后出台了一系列重大决策部署，推动生态文明建设取得了重大进展和积极成效。但总体上看，我国生态文明建设水平仍滞后于经济社会发展，资源约束趋紧，环境污染严重，生态系统退化，发展与人口资源环境之间的矛盾日益突出，已成为经济社会可持续发展的重大瓶颈制约。加快推进生态文明建设是加快转变经济发展方式、提高发展质量和效益的内在要求，是坚持以人为本、促进社会和谐的必然选择，是全面建成小康社会、实现中华民族伟大复兴中国梦的时代抉择，是积极应对气候变化、维护全球生态安全的重大举措。要充分认识加快推进生态文明建设的极端重要性和紧迫性，切实增强责任感和使命感，牢固树立尊重自然、顺应自然、保护自然的理念，坚持绿水青山就是金山银山，动员全党、全社会积极行动、深入持久地推进生态文明建设，加快形成人与自然和谐发展的现代化建设新格局，开创社会主义生态文明新时代。[③]

建设生态文明必须在节约资源上做加法，把节约资源作为根本之策；在

---

①　王尔德：《生态文明是超越工业文明的社会文明形态》，新浪网，2012 年 10 月 9 日。
②　欧阳康：《生态悖论与生态治理的价值取向》，《天津社会科学》2014 年第 6 期。
③　《中共中央国务院关于加快推进生态文明建设的意见》，《人民日报》2015 年 5 月 6 日第 1 版。

能源消费总量上做减法，推动节能降耗。① 2018 年 5 月，习近平总书记在全国生态环境保护大会上指出，要"用最严格制度最严密法治保护生态环境。保护生态环境必须依靠制度、依靠法治。我国生态环境保护中存在的突出问题大多同体制不健全、制度不严格、法治不严密、执行不到位、惩处不得力有关"。这充分体现了习近平新时代中国特色社会主义思想对生态文明的重视，既表明中国大力推进生态文明建设的坚定决心，也抓住了运用法治思维和法治方式面对生态问题的"牛鼻子"。②

（二）生态文明是转变治理方式的根本遵循

从可持续发展看，生态文明建设关系中华民族永续发展。生态环境没有替代品，用之不觉，失之难存。当今世界，国家发展模式林林总总，但唯有经济与环境并重、遵循自然发展规律的发展，才是最有价值、最可持续、最具实践意义的发展。我们在有着近 14 亿人口的国家建设现代化，绝不能重复"先污染后治理""边污染边治理"的老路，绝不容许"吃祖宗饭、断子孙路"，必须高度重视生态文明建设，走一条绿色、低碳、可持续发展之路。在这个问题上，我们没有别的选择。③

生态文明建设应摒弃"小修小补""头痛医头脚痛医脚"式的"末端治理"思维，全面、系统地加大自然生态系统和环境保护力度，把绿色发展、循环发展、低碳发展理念贯穿于发展全过程。生态文明建设关系人民福祉，关乎民族未来。党中央、国务院历来高度重视生态文明建设。从党的十八大做出把生态文明建设放在突出地位、纳入中国特色社会主义事业"五位一体"总体布局的战略决策，到十八届三中全会提出加快建立系统完整的生态文明制度体系，再到十八届四中全会要求用严格的法律制度保护生态环境，生态文明建设的相关要求日益强化。而《关于加快推进生态文明建设的意见》的公布，再度拧紧了生态文明建设之"弦"。生态文明建设，绝不仅仅是问题应对、污染治理，而是涉及经济、政治、文化、社会建设方方面面，关乎发展

---

① 《中共中央关于制定国民经济和社会发展第十三个五年规划的建议》，《理论学习》2015 年第 12 期。

② 吕忠梅：《保护生态环境必须依靠制度、依靠法治》，《光明日报》2019 年 2 月 25 日第 2 版。

③ 思力：《生态文明建设到底有多重要?》，求是网，2019 年 3 月 6 日。

理念、发展方式，更关乎产业结构、生产方式、生活方式等诸多领域。以系统性、全局性思维，带动全方位、立体化的"绿色变革"，才能真正把握好生态文明建设的真谛。这既包括强化主体功能定位，优化国土空间开发格局，又涵盖推动技术创新和结构调整、提高发展质量和效益，以及全面促进资源节约循环高效使用、推动利用方式根本转变，乃至加大自然生态系统和环境保护力度，切实改善生态环境质量等多层面、多维度。摒弃"末端治理"思维，多措并举、多管齐下，全流程、全领域抓好生态文明建设，形成全民动员、全员参与的"绿色氛围"，才能让良好生态环境真正成为最公平的公共产品，成为最普惠的民生福祉。[1]

在生态文明建设中，特别是污染防治中，我们面临一个基本的选择：是事先预防，还是事后治理？从总体上看，污染预防优于污染治理，我们应将工作重心从重治理向重预防转变。总体来看，污染预防有四条基本路径：制度创新、结构调整、技术进步与规模控制。各个地方可根据自身的实际情况（主要是所处的工业化阶段）选择合适的污染预防路径。[2]

第二节　协同治理理论

生态环境问题是关系人类生存发展和社会进步的全局性问题。对于复杂的生态环境问题而言，任何单一的主体或机制都无法完全治理生态环境问题。我国学者认为，协同治理理论倡导多元主体在治理过程中平等参与、协同合作与达成共识，从而能够帮助现代治理理论走出价值与工具的迷失之路。[3]

一　理论背景

从某种意义上说，协同治理理论的诞生源于对治理理论的重新检视。而协同学的相关理论和分析方法则为这种检视提供了知识基础和方法论启示。

---

① 梁建强：《生态建设须摒弃"末端治理"思维》，《领导科学》2015年第10期。
② 盛三化、李佐军：《将污染预防放在更优先的位置上》，《光明日报》2015年1月14日第7版。
③ 孙萍、闫亭豫：《我国协同治理理论研究述评》，《理论月刊》2013年第3期。

由于治理理论的核心特征是"协同"（竞争与协作），"协同治理"这个词正好能够反映治理理论的核心特质。概言之，协同治理就是寻求有效治理结构的过程，在此过程中，尽管也强调各个组织之间的竞争，然而更多地强调各个组织行为体之间的协作，以达到整体大于部分之和的效果。① 因此，对于多元复杂、充满不确定性的后工业社会，社会主体性的强化和公共性的扩散不仅彰显出协同治理的必要性，更使这种全新的治理模式具有了相当程度的可行性。从而，作为社会治理的内生语义，协同治理逐渐由理论构画变为一种现实实践。②

协同治理问题是 21 世纪世界各国共同关注的议题，也是完善治理理论的时代性与战略性要求。"这不仅仅是一种形式上的变革或管理风格的细微变化，更是在政府的社会角色及政府与公民的关系方面所进行的改革。"③ 随着人们生态文明意识的不断增强，生态文明建设人人有责的理念已经在全社会形成了共识。然而，理念上的共识未必能够导致现实中的共同行动。由于利益分化、信息障碍、制度滞后和社会基础薄弱等因素的干扰，往往导致实践中生态文明多元共治关系的失效。因此，积极构建生态文明协同治理模式，实现多元主体在生态文明建设中的合作共治，已经成为新形势下推进生态文明建设的必然选择。④

二 理论观点

（一）治理主体的多元性

当今社会，多元化趋势明显，单中心治理模式日显颓势，以致公平缺失、矛盾丛生。在传统的区域治理中，政府角色突出，政府具有权威性和法律赋予的强制力。但是在协同治理视域下，社会组织和企业组织都将成为治理的主体，全民参与也将得以强化。除了政府之外，包括非政府组织、企业、公民个人等在内的所有社会组织和行为者都可以参与公共事务治理，兼顾多方

---

① 李汉卿：《协同治理理论探析》，《理论月刊》2014 年第 1 期。
② 张振波：《论协同治理的生成逻辑与建构路径》，《中国行政管理》2015 年第 1 期。
③ 欧文·E. 休斯：《公共管理导论》，彭和平等译，中国人民大学出版社 2001 年版。
④ 陶国根：《协同治理：推进生态文明建设的路径选择》，《中国发展观察》2014 年第 2 期。

利益需求，让所有成员都享有一定的利益，让每一个公民都享有与行政人员平等的权利和均等的机会，特别是让那些弱势群体拥有改善他们生存环境的机会，以实现社会公平正义。① 换言之，协同治理除了强调政府、企业、公民社会等治理主体的多元参与，还涵盖了政府治理改革、非政府组织建设、公民社会发展等政治生活中的重大议题。②

可以说，协同治理的前提就是治理主体的多元化。这些治理主体，不仅指的是政府组织，而且民间组织、企业、家庭以及公民个人在内的社会组织和行为体都可以参与社会公共事务治理。随之而来的是治理权威的多元化。协同治理需要权威，但是打破了以政府为核心的权威，其他社会主体在一定范围内都可以在社会公共事务治理中发挥和体现其权威性。③

无论是政府还是社会，其认知模式与价值取向都会对其行为选择起导向和规约的作用。塑造认知对于协同治理的能动作用，其一是要转变政府理念，要实现从权威政府向人本政府、透明政府的价值认定与执政理念的转变，同时要摒弃过去的全能主义逻辑，充分肯定市场与社会作为社会治理的重要作用，在目标导向、执政理念与价值选择上接受、认可并践行协同合作的社会治理模式；其二则要提升公民或社会组织的协商伦理，因为在公共空间缺乏主流价值观念统合的情况下，人们如果只关注自身的个体利益和组织利益，总是希望他人或组织先让步，那必将直接影响协同治理的实现效能，特别是会导致社会治理中公约决策的反复循环，使协同治理陷入"有民主、无效率"的困境。提升社区归属感、社会责任感和身份认同感，是提升公民或社会组织协商伦理、提高协同治理效能的有效路径。④

（二）治理过程的协同性

协同治理是全球化时代，由跨越组织、部门和空间边界的公共部门、市场组织、社会组织或个人相互协调合作，共同解决棘手公共问题的整个过程，可以从政策制定过程、良善关系构建和善治实现方式的维度对其内涵进行阐

---

① 郑巧、肖文涛：《协同治理：服务型政府的治道逻辑》，《中国行政管理》2008 年第 7 期。
② 孙萍、闫亭豫：《我国协同治理理论研究述评》，《理论月刊》2013 年第 3 期。
③ 李汉卿：《协同治理理论探析》，《理论月刊》2014 年第 1 期。
④ 张振波：《论协同治理的生成逻辑与建构路径》，《中国行政管理》2015 年第 1 期。

释。① 协同治理不仅是一种结果，还是一个过程。如果说多中心治理是对协同治理现实态的白描；那么协同治理的整体功效是对协同治理理想状态的期望。因为现实中的协同治理结果未必总能尽如人意，协同治理结果的中庸、甚至治理失败的案例仍然存在。即便是这样，治理结果 $1 + 1 > 2$ 的成效依然是协同治理理论者们的共同愿景。协同治理理论尊重竞争，更强调不同子系统或者行为体的协同，以发挥整体大于部分之和的功效。协同治理理论研究多中心主体参与治理过程方面的论题。以多样化的形式存在的参与主体，作用于协同过程的每个阶段、贯穿于治理过程的始终，是协同治理理论研究的关键所在。②

协同治理是区域治理模式中的高级阶段，其内涵为区域中各组织以尊重彼此利益为前提，在促进区域一体化，实现区域协调发展的共同愿景下，共同参与、优势互补，互相影响、互相监督的过程。协同治理改变政府与其他子系统在传统社会管理模式中的管理与被管理、控制与被控制的关系，强调政府、非政府组织、企业、公民个人等子系统的相互协作关系。这种协作关系有两层含义：一是治理主体之间的法律地位平等。这就保证了政府、市场力量和公民社会组织能够在同一个平台上交流，不存在政府随意运用特权发布命令、强制对方服从的情况；二是机会平等。政府应当而且能够为市场主体、公民社会组织提供平等的参与机会，使各利益群体和个人能够自由表达意愿，共同管理社会公共事务。③

在现代社会系统中，由于知识和资源被不同组织掌握，采取集体行动的组织必须要依靠其他组织，而且这些组织之间存在着谈判协商和资源交换，这种交换和谈判是否能够顺利进行，除了各个参与者的资源外，还取决于参与者之间共同遵守的规则以及交换的环境。因此，在协同治理过程中，强调各主体之间的自愿平等与协作。在协同治理关系中，有的组织可能在某一个特定的交换过程中处于主导地位，但是这种主导并不是以单方面发号施令的形式。所以说，协同治理就是强调政府不再仅仅依靠强制力，而更多地是通

---

① 张贤明、田玉麟：《论协同治理的内涵、价值及发展趋向》，《湖北社会科学》2016 年第 1 期。
② 孙萍、闫亭豫：《我国协同治理理论研究述评》，《理论月刊》2013 年第 3 期。
③ 肖文涛：《社会治理创新：面临挑战与政策选择》，《中国行政管理》2007 年第 10 期。

过政府与民间组织、企业等社会组织之间的协商对话、相互合作等方式建立伙伴关系来管理社会公共事务。由于社会系统的复杂性、动态性和多样性，子系统只有协同工作，整个社会系统才能保持良好发展态势。[①]

（三）自组织的协调性

协同治理中的各子系统相互依赖且关系复杂，存在着较大的空间—时间跨度，有共同的利害关系，或者共同参与某些项目。从系统科学的角度来看，协同治理具有典型的自组织特征。自组织就是协同治理中特别适宜的协调方式。在区域生态环境协同治理中，系统内部自组织起来，通过多种形式的信息反馈和谈判磋商达成共识，通过进一步沟通协调实现共识，并对区域生态环境变化保持适应性和灵活性，以弥补市场交换和政府调控的不足，实现治理绩效的协同增长。[②]

自组织是协同治理过程中的重要行为体。由于政府能力受到合法性的缺乏、政策过程的复杂、相关制度的多样性和复杂性等诸多因素的限制，尽管政府是影响社会系统中事情进程的行动者之一，但是从某种程度上说，它缺乏足够的能力将自己的意志强加给其他行动者。并且其他社会组织也试图摆脱政府的金字塔式的控制，以实现自我控制——自主。这不仅意味着自由，而且意味着自己负责。同时，这也是自组织的重要特性，这种自组织体系就有更大程度上的自我治理的自由。自组织体系的建立要求削弱政府管制、减少政府控制，甚至在某些社会领域会撤出政府。这样一来，社会系统功能的发挥就需要自组织间的协同。[③]

（四）共同规则的制定

协同治理是一种集体行动。从某种程度上说，协同治理过程就是制定和实施各个行为体都认可的行动规则的过程。这些行动规则犹如协同学中的序参量，决定着治理效果的好坏，也影响着治理结构的平衡。在协同治理过程中，信任与合作是取得良好治理效果的基础。在这一过程中，政府组织有可能不处于主导地位，但是作为行动规则的最终决定者，政府组织的意向在很

---

① 李汉卿：《协同治理理论探析》，《理论月刊》2014 年第 1 期。
② 郑巧、肖文涛：《协同治理：服务型政府的治道逻辑》，《中国行政管理》2008 年第 7 期。
③ 李汉卿：《协同治理理论探析》，《理论月刊》2014 年第 1 期。

大程度上影响着行动规则的制定。在制定行动规则的过程中，各个组织之间的竞争与协作是规则最终能否形成的关键。①

基于协同学理论和治理理论，协同治理是指在公共生活过程中，政府、非政府组织、企业、公民个人等子系统构成开放的整体系统，货币、法律、知识、伦理等作为控制参量，借助系统中诸要素或子系统间非线性的相互协调、共同作用，调整系统有序、可持续运作所处的战略语境和结构，产生局部或子系统所没有的新能量，实现能量的增殖，整个系统在维持高级序参量的基础上，共同治理社会公共事务，最终达到最大限度地维护和增进公共利益的目的。虽然协同治理体现了对工具理性的追求，但是更强调对价值理性的关切，是工具理性和价值理性的有机统一。②

虽然多元协同的社会治理模式主张主体间的地位平等和利益均衡，但仍强调发挥政府的关键作用，突出体现在政策议程的设置以及公共政策的制定上。在政策议程设置上，在利益主体多元化与社会关系复杂化的社会情境中，人们因利益分殊而产生矛盾与冲突是不可避免的，这就需要在掌控全局信息与公共权力上具有优势的政府提供必要的利益平衡机制和协调平台，促进利益主体之间相互妥协、信任甚至认可，提升政策输出的效率以及整合性。在公共政策制定上，需要政府克服传统代议制民主中政策制定过程对于公众意志体现不足的弊端，实现对"以职能分配、按部门设置机构和规则为标志的传统意义上的管理"的超越，建构一种"以目标、伦理原则和具体工作机制为主要内容的全新治理模式"，以治理过程和治理方式的民主协商，实现治理结果的公共利益最大化。③

三　理论启示

（一）生态环境协同治理势在必行

生态环境是公共物品和公共资源。不同的生态环境要素被分开管理，甚至同一生态环境要素被分割成几个方面来管理，将使生态环境系统这一相互

---

① 李汉卿：《协同治理理论探析》，《理论月刊》2014 年第 1 期。
② 郑巧、肖文涛：《协同治理：服务型政府的治道逻辑》，《中国行政管理》2008 年第 7 期。
③ 张振波：《论协同治理的生成逻辑与建构路径》，《中国行政管理》2015 年第 1 期。

联系的有机整体被割裂，就难以达到生态治理上的高效率和生态环境系统的最优化。在一些跨区域的生态环境中，由于生态环境资源的所有权、使用权、管理权不明晰，生态受益者和污染受损者权责不分，生态环境资源的集体消费，存在严重的无序消费和过度消费现象。① 近年来，一系列生态环境问题的暴露表明，生态环境的治理，无论是采用市场调控模式，还是政府强制模式，或是社会自觉模式，都会面临不同程度的治理困境，迫切需要探寻新的治理路径。而新的治理路径，根本在于实现政府、市场和社会之间的协同互动。②

区域生态环境问题，已成为迫切需要解决的问题之一。区域生态环境问题不是简单地依靠科学技术和资金投入就能彻底解决，而是深深地嵌入各种制度、经济和社会结构的变迁中，处于与政治、经济和社会结构等共同演化的格局之中。所谓区域生态环境协同治理是指在区域生态环境治理过程中，地方政府、企业、社会公众等多元主体构成开放的整体系统和治理结构，公共权力、货币、政策法规、文化作为控制参数，在完善的治理机制下，调整系统有序、可持续运作所处的战略语境和结构，通过区域生态环境治理系统之间的良性互动，实现生态"善治"目标的合作化行为。环境事务是具体的感性的表象，其核心依然是人的问题，是人的理念、生存方式与价值观。如何实现文化意义的多样性与统一性是协同治理致力于解决的首要问题。只有变革经济发展目标、发展模式，建立与自然平等和谐的关系，才能实现人与自然和谐共生。而这些变革归根到底是人的文化世界和意义世界的变革。然而，我国区域生态环境协同治理基本上处于"粗放"阶段，存在严重的形式主义、象征主义倾向。地方政府、企业、社会公众在参与区域生态环境治理的过程中，仍然是"条块"分割、力量分散、效率低下，难以形成整体的协同效应：地方政府主导了区域生态环境治理，但仅凭一己之力难以将区域生态环境治理工作真正做好；大部分企业没有参与区域生态环境治理的动力；社会公众缺乏参与的激励。③

综上，区域生态环境治理需要社会多元主体共同参与、齐抓共管。但是

---

① 方世南：《区域生态合作治理是生态文明建设的重要途径》，《学习论坛》2009 年第 4 期。

② 黄其松、段忠贤：《生态环境公共治理的三维互动》，《光明日报》2015 年 5 月 6 日第 13 版。

③ 余敏江：《论区域生态环境协同治理的制度基础——基于社会学制度主义的分析视角》，《理论探讨》2013 年第 2 期。

区域生态环境协同治理的制度惰性客观存在，这就需要地方政府充分发挥公共管理职能，通过制定一系列的政策法规和健全有效的激励机制，以规范政府部门、企业、社会公众的行为，引导他们更加有效地进行区域生态环境协同治理。

(二) 生态环境协同治理的多元路径①

生态环境典型地具有公共资源的性质，在社会生产的前提下，从原有的市场—权力相结合的单向治理转向国家—市场—社会下的协同治理，成为理想的趋势。

第一，国家—社会协同。"能动社会"的打造需要提高民众的参与性，改变政府一元主导的状况。一是政府与民众协同。面对环境管理中政府单一主体的不足，民众力量的参与可以大大改善环境管理的效果。如在面源污染防控方面，由于地方政府和环保部门没有足够的人力、物力和财力去收集环境污染的全面信息，从而导致基层环境监管执法能力薄弱，民众的参与可以大大缓解政府监管力量不足的困境。二是政府与社会组织协同。近年来，政府在环境治理中的压力日益增大，而非政府组织在诸多重大污染治理方面的合作卓有成效，并且成功实现底层动员。同时，民间 NGO 和官办 NGO 的出现，也有效推动了地方合作主义的发展，二者的关系更加密切，协同治理初显成效。因而，在生态环境治理中，明确社会组织的法律地位，对社会组织进行制度确认，构筑协同治理的制度平台，并培育发展足够规模的独立 NGO，推动形成多元合作的局面当是今后的方向。

第二，不同层级政府之间的协同。突出政府环境规制的作用，这要求政府理顺内部条块关系、形成协同治理、避免组织内部的冲突。一是中央政府和地方政府的协同。中央政府和地方政府间存在着以"条块"方式呈现的科层关系，然而生态环境治理保护收益显现的长期性、滞后性与任期制下地方政府追求短期收益之间的矛盾往往导致地方政府的目标替代。究其缘由，代理方的信息优势、环境治理的检验技术、统计手段、测量标准以及责任认定

---

① 黄斌欢、杨浩勃、姚茂华：《权力重构、社会生产与生态环境的协同治理》，《中国人口·资源与环境》2015 年第 2 期。

的模糊性和总体的治理态势下具体治理效果的失效都是导致困境的制度性起源。① 应当理顺中央政府自上而下的激励约束，转变委托—代理关系下地方政府的被动角色，调整涉及生态环境保护的评价考核体系，引用绿色 GDP 绩效评价指标体系，完善生态问责制，健全生态补偿机制，从而形成中央—地方政府间协同治理局面。二是地方政府间的协同。相对于上级政府和地方政府之间的委托—代理关系，在流域治理等跨区域的环境治理过程中，各个地方政府之间是平等主体的关系。应当形成地方政府间协作，共同解决跨区域的环境治理问题。要建立地区层面的组织协调机制，负责综合决策与协调管理，推进区域生态补偿和生态环境协同治理。

第三，国家—市场—社会之间的协同共治。埃莉诺·奥斯特罗姆指出，对于自然环境等典型的"共有财"，在政府介入管理和市场化的方法都很难有效治理的情况下，可以考虑以自组织治理模式作为解决之道。② 这种治理机制比层级机制与市场机制更能有效率地管理共有财，不仅能避免政府失灵、市场失灵的现象，还能促进社区成员间的认同与合作，增进彼此的承诺、信任。③ 埃莉诺·奥斯特罗姆的多元治理思路实际上是统合主义的思路，要求政府、市场与社会组织等多主体通过对话、协商、谈判、妥协等集体选择和集体行动，取得共识，达成共同的治理目标，并形成资源共享、彼此依赖、互惠合作的治理机制、组织结构和社会网络。对于中国这样具有特殊社会背景的国家来说，相比于"公民社会"的思路，统合主义的思路能够整合利用各个主体的力量，更具有现实性与可行性。对于区域生态环境治理，可以考虑构建统合多元力量的制度平台，建立高度弹性化的协作性治理网络，形成权力之间的相互平衡与相互制约，避免单一治理所造成的困境与不足。在生态治理中，通过能动社会推动社会发展，既是实践的需要，也是理论的需要。在能动社会的指引下，政府与社会联合起来，共同对抗资本的力量。从建设

① 周雪光、练宏：《政府内部上下级部门间谈判的一个分析模型：以环境政策实施为例》，《中国社会科学》2011 年第 5 期。

② Ostrom E, *Governing the Commons：The Evolution of Institutions for Collective Action*, Cambridge University Press，1990.

③ Ostrom E, Crossing the Great Divide：Coproduction, Synergy and Development, *World Developmen*, Issue 24，1996.

能动社会的角度出发，重塑生态环境治理的格局，还需要在实践中不断探索。

（三） 生态环境治理主体间的利益协调

利益关系是研究生态治理问题极为重要的范畴。不了解利益与生态政策文本、利益与生态治理行为之间的关系，就无法深刻理解生态治理的内在机理。不进行利益分析，就很难厘清生态治理问题发生的症结和对策。从利益的主体看，生态治理涉及众多的利益主体，其中最重要、最核心的利益主体是中央政府与地方政府。然而，在生态治理中，由于中央政府和地方政府各自有着不同的利益考量，有着不同的行为选择。中央政府强调全局的经济社会发展与生态环境保护的协调，而地方政府则有着更为复杂的利益考量。地方政府的利益，既有与中央政府在根本利益上的一致性，也有相对独立性，即最大限度地谋求辖区的经济利益，并通过行为自主性的方式，突破中央政府的政策性约束。[①] 生态治理困境的根源并不主要在于地方政府的财税激励及他们所具有的经济竞争的性质，而是在于嵌入在经济竞争当中的政治晋升博弈的性质。因此，生态治理中，中央政府与地方政府之间的利益协调尤为重要，在某种程度上甚至可以说是制约生态治理效果的关键变量。理顺中央政府与地方政府的利益关系，构建和谐、规范、互利的新型中央与地方关系，对于提升生态治理效率和效益无疑具有重要意义。[②]

如何实现生态利益在地方政府、社会、企业之间的适度均衡与共享是区域生态治理的关键所在。基于协同视角考量区域生态环境这一公共事务治理问题，强化共容意识，致力摆脱传统路径依赖，努力形成一种"综合决策、联合执法、组织激励、信息共享"的生态治理协同机制，是生态资源特性的内在要求、政府治理创新的实践要求、生态文明建设的实然要求，也是实现区域生态共容利益的应然逻辑。[③] 建立利益相关方协商机制。出台一项环保新政策、新建一个工程项目，都需要与利益相关方进行对话协商，这种对话协商，短期内可能不利于快速推进发展，但有利于防止损害生态环境的工程上

---

① 余敏江：《生态治理中的中央与地方府际间协调：一个分析框架》，《经济社会体制比较》2011 年第 2 期。

② 余敏江：《论生态治理中的中央与地方政府间利益协调》，《社会科学》2011 年第 9 期。

③ 丁国和：《基于协同视角的区域生态治理逻辑考量》，《中共南京市委党校学报》2014 年第 5 期。

马，有利于社会各界对项目建设的监督，有利于促进公共项目建设科学化，从长远看有利于社会和谐和可持续发展。①

现阶段我国生态问题的实质是"一个利益调节失衡的问题"，是地方与中央当前与长远的、局部与整体的利益冲突的反映。也就是说，在生态治理上地方与中央存在利益博弈，而利益博弈的结果必然对生态治理产生重大影响。生态治理收益的长期性、滞后性和外部性与任期制或换届制下地方政府的利益矛盾日益凸现出来。地方政府实施生态治理的收益，主要包括中央政府对生态治理前期工作和科技支撑等给予的经济补助，地方经济发展预期提高引致的未来经济效益，实施生态治理后生态环境的改善，具体表现为水、土壤、大气、植被等生态因子的良性循环，以及因地方政府生态治理政绩良好带来的领导人升迁、同中央讨价还价的能力提高等收益。然而，地方政府在生态治理中获得的实际收益偏低。在地方政府为理性经济人的条件下，如果中央政府对地方政府缺乏有力的约束机制和激励机制，那么中央政府和地方政府在生态治理中的博弈关系就成为一种"智猪博弈"。破解"智猪博弈"的关键在于改变踏板与食槽间的距离。其中移位但不改变食物投放量是最为有效的方法。在生态治理中"食物投放量"相当于生态治理的收益，而"踏板与食槽间的距离"大体相当于与生态治理成本有关的制度。②

第三节　生态现代化理论

在西方生态治理研究中，生态现代化理论是颇具影响力的一种理论形态，它强调通过政策推动下的技术革新和成熟的市场机制，促进工业生产率的提高和经济结构的升级，从而取得经济发展和环境改善的双赢结果。③

---

① 李晓西：《完善生态治理需要协同共治》，《人民日报》2015 年 5 月 19 日第 7 版。
② 余敏江、刘超：《生态治理中地方与中央政府的"智猪博弈"及其破解》，《江苏社会科学》2011 年第 2 期。
③ 吴兴智：《生态现代化：反思与重构——兼论我国生态治理的模式选择》，《理论与改革》2010 年第 5 期。

一 理论背景

在历史长河中，人类积累了攫取自然资源的各种知识和经验，同时肆意改造和不断破坏自己赖以生存的自然环境，以至于人类的发展需求几乎使自然生态的承载能力达到极限。在经济全球化的背景下，全球气候变化、臭氧层破坏、生物多样性锐减、土地荒漠化等环境问题给人类社会发展带来了巨大挑战，引发了全球经济社会的深刻变革。20 世纪下半叶，当人类的不当行为造成的环境恶果开始伤及自身之时，人们才逐步认识到生态环境保护的重要性，把"生态化"的内涵融入"现代化"之中，并致力于探索一条协同推动国家现代化与环境生态化的新型道路——生态现代化。并且，随着生态退化、环境污染和资源枯竭，人类社会发展面临着越来越严峻的挑战，应对这些挑战已成为人类社会发展过程中越来越紧迫的任务。生态现代化正是人类社会现代化发展的生态转型，是人类文明与自然生态的良性互动。① 这无疑给中国经济高质量发展和全面建成小康社会增添了新的思考维度。为此，学术界和一些政治家讨论的"第四次工业革命"已然显现，发展绿色经济、建设生态文明已经成为国际社会的共识，这是人类社会迈入"生态现代化"的一个根本性背景和前提。

生态现代化理论的提出源于对环境保护和经济社会发展之间关系的重新定位，也源于对传统不可持续发展模式的现代变革。1985 年，德国学者约瑟夫·胡伯（Joseph Huber）提出了生态现代化理论，认为从农业社会向工业社会的转变是现代化；从工业社会向生态社会的转变即是生态现代化。由于生态现代化理论有着广泛的实用性和现实的迫切性，该理论一经提出，便在全球范围内迅速传播，并成为当今国际理论界研究的热点。德国、瑞典、荷兰等国纷纷声称要走"生态现代化"道路，而德国将生态现代化列为其国家发展目标，开创了生态现代化由理论到实践的先例。可见，生态现代化理论产生于西方工业化社会，西方的社会、政治、经济和文化条件是该理论创立的基本前提。具体而言，这一理论的产生有以下原因：首先，生态现代化理论的提出是对日益严重的环境问题的反映。近代以来，世界工业化进程促进了

---

① 赵晓红、吕健华：《生态现代化的全球视野与中国实践》，《新远见》2010 年第 8 期。

经济迅速发展，与此同时，人类与环境的对立日益加剧。到 20 世纪中期，人们在享受经济发展成果的同时，也承受着环境破坏的后果，如全球变暖、酸雨、物种减少、臭氧层空洞、沙尘暴等等，已经影响到人们的正常生活。进入 20 世纪 80 年代，环境状况继续恶化，环境问题从地区性问题发展成为全球性问题，这种全球性环境变迁直接威胁到人类的生存与健康。其次，日益活跃的环境运动为生态现代化的提出提供了实践基础。随着环境状况的日趋恶化，公众的环境关注度逐步提高。因此，环境运动从地方、国家到全球，环保组织遍布世界各国。环境运动既有高度组织化和制度化的，也有非常激进和非正式的，它们的活动范围从地方到全球，它们的关注领域从单一议题到多元主题。这些运动和组织在一定程度上促进了大众对环境的关注，提供了生态现代化理论产生的实践基础。[①]

工业革命以来，社会生产力得到空前发展的同时，生态环境也遭到前所未有的破坏，严重的生态危机制约了各国经济发展，探索环境与经济的和谐发展已成为人类面临的共同挑战。20 世纪 60—70 年代，美国海洋生物学家蕾切尔·卡逊（Rachel Carson）的《寂静的春天》和罗马俱乐部的《增长的极限》等，引发了人们对资源环境问题的极大关注和深切忧虑。70 年代西欧国家环境运动出现一种所谓"反现代化、反工业化、反生产力"的思潮，对环境的关注大多表现为一种将环境保护与经济发展对立起来的生态主义思维范式，流露着生存危机的悲观主义情绪。80 年代西欧一批学者提出，现代化没有过时，但经典现代化模式存在缺陷，这些缺陷导致了环境破坏，现代化模式需要生态转型，这就是生态现代化理论的早期观点。1985 年德国学者约瑟夫·胡伯（Joseph Huber）在"现代化"传统意义基础上，正式提出生态现代化理论，指出从农业社会向工业社会的转变是现代化，从工业社会向生态社会的转变是生态现代化。之后，不同学者从各自的角度和立场出发进一步发展和完善了这一理论。马丁·耶内克认为，生态现代化是使环境问题的解决措施从补救性策略向预防性策略转化的过程。阿瑟·摩尔认为，生态现代化是一个处理现代技术制度、市场经济体制和政府干预机制之间关系的概念。[②]

---

① 陈瑜：《生态现代化理论研究述评》，《吉首大学学报》（社会科学版）2009 年第 6 期。
② 杨秀萍：《中国现代化生态转型的理论借鉴与路径选择》，人民网，2017 年 1 月 3 日。

生态现代化理论是环境社会学中一个独具特色的理论范式。该理论着力思考经济与环境的相互关系，把环境变革和改善作为社会发展的立足点和着眼点，认为经济生态化和生态经济化是国家和地区走向环境友好以及社会安全的有效途径。生态现代化理论具有相当的演进和发展空间，它依托于自然—经济—社会和谐共生的根本理念，从技术创新和应用、制度创新和整合、组织创新和发展等多个角度拓展了社会经济发展过程中的环境保护思路，为环境变革的路径选择提供了必要的理论支持。[①]

二 理论观点

生态现代化：采用预防和创新原则，推动经济增长与环境退化脱钩，实现经济与环境双赢、人与自然互利共生。[②]

（一）生态现代化的四层含义

其一，生态现代化是现代化与自然环境的一种互利耦合，是世界现代化的一种生态转型。它包括从物质经济向生态经济、物质社会向生态社会、物质文明向生态文明的转变，自然环境和生态系统的改善，生态效率和生活质量的持续提高，生态结构、生态制度和生态观念的深刻变化，以及国际竞争和国际地位的明显变化等。

其二，生态现代化是一个长期的、有阶段的历史过程。从20世纪70年代到20世纪末，生态现代化大致包括：相对非物化和绿色化；高度非物化和生态化；经济与环境双赢；人与自然和谐共生等四个阶段。

其三，生态现代化是一场国际竞争。包括不同国家追赶、达到和保持世界先进水平的国际竞赛，以及国内生态效率、生态结构、生态制度和生态观念的变化。

其四，生态现代化具有绝对和相对两个视角，国内进程是绝对生态现代化；国际地位变化过程就是相对生态现代化。

（二）生态现代化的核心要素

技术革新、市场机制、环境政策和预防性理念是生态现代化的四个核心

---

① 马国栋：《批判与回应：生态现代化理论的演进》，《生态经济》2013年第1期。
② 何传启：《生态现代化——中国绿色发展之路（摘要）》，《林业经济》2007年第8期。

要素。生态现代化作为一种以市场为基础的环境政策方法迄今为止是卓有成效的，但如果没有一个明确的结构性解决方案，可持续发展不可能取得真正成功。由于更关键的任务将是长期的环境预防，工业转型终将不可避免地与既得利益集团相冲突。因而，可持续发展管治必须能够动员起足以赢得这场斗争的意愿与能力。生态现代化理论本质上是一种通过市场机制推动的技术革新方法，是一种以知识为基础的、技术性的、自上而下的政策。①

　　从狭义上看，生态现代化是一种关于以市场导向为基础的、系统性的经济技术革新与扩散的理论，这种生态政治理论最为核心的观点是：一种前瞻性的环境友好政策可以通过市场机制和技术革新来促进工业生产率的提高和经济结构的升级，并取得经济发展和环境改善的双赢结果。国家明智的环境管治、技术革新及其扩散、社会经济的"绿化"都是走向生态现代化的重要路径。可以说，生态现代化的核心之处在于：一是超越末端治理的环境技术革新，防患于未然，从源头上有效控制环境损害的发生；二是国家采取灵活有效的环境政策，约束和引导市场行为，把生态原则贯彻和融入其他政策之中，最终实现经济社会的"绿化"。工业革命以来的整个现代化过程导致的环境退化恰恰说明这样的现代化过程的不完整性或缺陷，生态现代化的核心就在于通过预防性理念与技术革新来提高经济效率，使整个社会经济的现代化过程包含环境向度。生态现代化理论在强调技术革新及其扩散是实现生态现代化最为关键的要素的同时，也同样注重支撑这种技术革新的环境政策和政府管治的核心推动作用，而且生态现代化主要强调超越末端治理的预防性技术革新，从生产和产品设计的源头就包含环境关切，利用技术进步减少原材料的输入并减少废物和废气的排放，这实质上已经超越了"技术中心主义"的束缚而更加强调生态现代化是一个系统的社会经济生态化转型的综合工程。同时，生态现代化更加强调技术革新及其成功市场化的经济意蕴，这种技术革新及其成功市场化运用不但具有重要的环境效益，而且更为重要的是有着巨大的经济效益，这实质上也正是生态现代化理论的全部要旨所在。环境技术和政策的扩散已经成为生态现代化的一种重要途径和标志。环境领域的

---

①　郇庆治、马丁·耶内克：《生态现代化理论：回顾与展望》，《马克思主义与现实》2010 年第 1 期。

"领导型市场"是环境技术和政策在世界范围扩散的地理起点，是促进生态现代化发展的核心要素。[①]

三 理论启示

(一) 绿色发展是生态现代化的必然选择

生态现代化理论是在可持续发展框架下、在西欧发达国家逐步形成的一种关于生态和经济之间协调关系的理论。生态现代化理论家认为，生态现代化理论与可持续发展紧密相连、互动发展；生态现代化理论促进了西欧国家近些年环境政策和环境运动主导理念的变化，同时由于这些变化，该理论得以不断修正和补充。目前，生态现代化理论已成为一种主流生态政治学理论，许多西方学者从生态现代化的视角考察中国的环境治理问题。[②]

中国生态现代化战略，可以以生态经济、生态社会和生态意识为三个突破口，以轻量化、绿色化、生态化、经济增长与环境退化脱钩的"三化一脱钩"为主攻方向，从源头入手解决发展与环境的冲突，努力完成现代化模式的生态转型，实现环境管理从"应急反应型"向"预防创新型"的战略转变、经济与环境的双赢。选择绿色发展道路，可以控制和降低新增的环境污染。要遵循高效低耗、高品低密、高标低排、无毒无害、清洁健康等原则，实现绿色工业化、绿色城市化和环境保护的互利耦合，达到发展和环保双赢的目的。绿色工业化，可以降低新建工业的环境压力。绿色城市化，可以降低和控制新增加的城市污染[③]，全面推动绿色发展。实施其他绿色工程，如绿色家园工程、绿色服务工程和绿色消费工程等。

绿色发展是建立在生态环境容量和资源承载力的约束条件下，将环境保护作为实现可持续发展重要支柱的一种新型发展模式，要求把实现经济、社会和环境的可持续发展作为绿色发展的目标，把经济活动过程和结果的"绿色化""生态化"作为绿色发展的主要内容和途径。党的十八届五中全会将"绿色"作为五大发展理念之一，就是要解决好人与自然和谐共生问题，为我

---

① 李慧明：《生态现代化理论的内涵与核心观点》，《鄱阳湖学刊》2013 年第 2 期。
② 李彦文：《生态现代化理论视角下的荷兰环境治理》，博士学位论文，山东大学，2009 年。
③ 何传启：《生态现代化——中国绿色发展之路（摘要）》，《林业经济》2007 年第 8 期。

国现代化的生态转型指明了方向。坚持绿色发展，要求我们在发展理念上，牢固树立人与自然对等互惠的思想；在发展决策上，坚决恪守遵循和顺应自然规律的方针；在发展实践上，坚定秉持保护自然环境和生态系统的准则。①

（二）生态治理的"人本"价值维度

推进生态现代化建设，首先要解决为什么人、由谁享有的问题。党的十八届五中全会首次提出，要坚持以人民为中心的发展思想，反映了坚持人民主体地位的内在要求，彰显了人民至上的价值取向，反映了我国生态现代化建设的制度规定性。西方生态现代化追求的是"物本"目标取向，而我国生态现代化追求的是"民本"价值维度。只注重经济增长而忽略人民群众生存环境和生活质量的"唯经济增长主义"的追求是错误的；只关注生态环境而不顾人民群众的物质需求和生活水平的"唯生态中心主义"的考量是不可取的。生态现代化要求不是简单的保护自然环境和生态安全，而是把这些要求视为发展的基本要素，归根结底是为了满足人民群众日益增长的美好生活需要。因此，中国现代化要顺利实现生态转型，必须坚持"以人民为中心"的价值取向，否则就会偏离社会主义方向。习近平总书记指出："良好生态环境是最公平的公共产品，是最普惠的民生福祉。"生态环境保护，关系最广大人民的根本利益，关系中华民族发展的长远利益，是功在当代、利在千秋的事业。这一科学论断，深刻揭示了生态与民生的关系，既是对生态产品的准确定位，又是对民生内涵的丰富发展，体现了我们党深厚的民生情怀和强烈的责任担当。②

面对我国工业化发展道路的不断深化和环境危机的逐渐凸显，我国生态治理模式选择，其首要的诉求在于实现民生改善、生态保护以及经济发展的三重目标。在我国生态现代化发展路径中，环境保护与社会正义是政府不容推卸的职责。这决定了我国的生态治理必须将民生改善与生态保护较好地结合起来，在实现环境正义的同时促进社会公平正义。因此，与西方生态现代化理论的"经济发展与生态保护"的"物本"目标取向不同，我国生态治理

---

① 杨秀萍：《中国现代化生态转型的理论借鉴与路径选择》，人民网，2017年1月3日。
② 杨秀萍：《中国现代化生态转型的理论借鉴与路径选择》，人民网，2017年1月3日。

更需要确立民生改善的"人本"价值维度。[①]

(三) 推进国家生态治理能力现代化

国家生态治理能力是国家治理能力的重要内容,推进国家生态治理能力现代化,对于全面深化改革、建设生态文明、实现美丽中国梦具有重要意义。第一,现代化的生态治理理念是前提。理念是行动的先导,指引着行动的方向。要推进国家生态治理能力现代化,首先要破除思维定式、僵化观念,确立以制度为基本遵循的现代化生态治理理念。第二,生态治理制度体系是根本。生态治理制度体系包括覆盖生产、流通、分配、消费各环节的相互协调、密不可分的系列制度以及保证制度实施的体制机制等。它是生态治理理念能否有效贯彻、治理行为能否规范实施、治理绩效能否顺利实现的基础和保证,决定着生态治理的方向、进程和质态。党和国家领导人多次指出,只有实行最严格的制度、最严密的法治,才能为生态文明建设提供可靠保障。第三,生态环境保护管理体制改革是突破口。生态治理制度要真正发挥作用,必须改革生态环境保护管理体制,优化生态治理的政府机构设置、职能配置,规范各级政府管理机构的权责,既分工明确,又互相配合,克服生态治理的分权化、部门化和碎片化,形成生态治理的总体框架和整体部署,推动生态治理的系统性、整体性、协同性发展。第四,其他国家生态治理的理论和实践是借鉴。生态问题是全球性的问题,世界各国为解决本国的生态问题都进行了积极的探索,积累了大量的经验和教训。中华民族是一个兼容并蓄、海纳百川的民族,在漫长历史进程中不断学习他人,这才形成我们的民族特色。推进生态治理能力现代化建设,必须关注其他国家生态治理的理论和实践,分析他们在理念设计、制度安排、操作程序和行动策略等方面的异同,探究他们在生态治理制度构建及执行方面的成败,总结他们具有普遍意义的先进做法和一般性规律,然后结合中国的国情,创造性吸收、转化并融于生态治理实践之中,最终形成生态治理的中国做法、中国经验、中国理论。第五,各级领导干部身体力行是关键。各级领导干部必须牢固树立保护生态环境就是保护生产力、改善生态环境就是发展生产力的理念,洞悉、把握全国及区

[①] 吴兴智:《生态现代化:反思与重构——兼论我国生态治理的模式选择》,《理论与改革》2010 年第 5 期。

域生态环境特点和规律，转变生态环境保护管理方式，做生态文明建设的引领者、推动者和实践者。要有决心用硬措施完成硬任务的责任感、紧迫感、使命感，本着对人民群众、对子孙后代高度负责的态度，重点解决损害群众利益、危及群众健康的突出生态环境问题，牢守生态保护红线。同时，完善发展成果考核评价体系、领导干部政绩考核体系，建立领导干部离任自然资源资产审计制度、生态环境损害责任终身追究制度，激励和约束领导干部的行为，力求作风扎实、落实到位、监管有力。①

第四节　系统工程理论

生态环境问题是一个紧迫性问题、全球性问题、世界性难题，生态修复、环境保护是一项系统工程，需要我们付出长期的努力。

一　理论背景

现代系统工程思想和方法的起源最早可以追溯到 20 世纪 40 年代。随着 20 世纪 50—70 年代美国的 "北极星" 导弹核潜艇计划和阿波罗登月计划的实施，系统工程思想和方法得到了各领域的广泛重视。随后，美国、欧洲航天局等国家或组织在系统工程方法论及具体方法的研究、系统工程标准规范及手册指南的编制等方面取得了重大进展，这对系统工程技术的深入发展及其系统工程能力的提升起到了巨大的促进作用。在我国，系统工程研究的起步并不晚。早在 1978 年，钱学森和许国志、王寿云联名在《文汇报》发表了题为《组织管理的技术——系统工程》的文章，提出利用系统思想把运筹学和管理科学统一起来的见解，这标志着我国系统工程思想的应用和推广进入了一个新的时期。目前，在我国，系统工程思想和方法已经被广泛应用于工业、农业、军事、社会等多个领域，取得了很多重要的成果，其中最有代表

---

① 刘建伟、漆思：《推进国家生态治理能力现代化》，《中国环境报》2014 年 6 月 16 日第 2 版。

性的是系统工程思想和方法在载人航天、月球探测等重大航天项目中的应用。①

现代系统工程理论涉及很广，通常是以复杂系统为研究对象，至今还没有统一的定义。国内外学者对此也是众说纷纭，但大多是从"对象""方法""目的""内容"等方面来定义。比较著名的有：我国著名科学家钱学森提出的"系统工程是组织管理系统的规划、研究、设计、制造、试验和使用的科学方法，是一种对所有系统都具有普遍意义的科学方法"。还有美国著名学者切斯纳（H. Chestnut）提出的"系统工程认为虽然每个系统都是由许多不同的特殊功能部分所组成，而这些功能部分之间又存在着相互关系，但是每个系统都是完整的整体，每个系统都要求有一个或若干个这种目标。系统工程则是按照各个目标进行权衡，全面求得最优解的方法，并使各个组成部分能最大限度地相互适应"。此外，现在较常见的还有日本工业标准 JIS 规定的"系统工程是为了更好地达到系统目标，而对系统的构成要素、组织结构、信息流动和控制机制等进行分析与设计的技术"。②

我国学者张兆基等编著的《系统工程》一书定义"系统工程是综合运用社会科学、自然科学和工程技术的成果去研究和解决工程中系统性的问题的一门社会—技术学科"。目前，这一认识已得到普遍认可。现代以科学为依据的系统工程产生于 20 世纪 40 年代的美国，近些年来得到了飞速的发展，与其他同类事物相同，到目前为止，系统工程经历了"萌芽""发展""形成规模且继续发展"三个阶段。

（一）萌芽阶段

1940 年，在美国贝尔电话公司试验室工作的莫利纳（E. C. Molina）和在丹麦哥本哈根电话公司工作的厄朗（A. K. Erlang），第一次提出系统工程的名称。他们在实践中总结出"系统接近法"，按时间顺序将工作分成"规划、研究、发展、工程应用研究和通用工程"五个部分，大大提高了研究效率。

第二次世界大战时期，英国为了设计雷达研究德国的飞机降落排队问题，

---

① 王巍、吴勇：《试论系统工程理论、方法在企业战略分析中的应用》，《中小企业管理与科技》（上旬刊）2011 年第 7 期。

② 崔岳寒：《系统工程的发展》，《科技致富向导》2012 年第 8 期。

提出了"排队论"以及"线性规划""搜索论"等具有系统工程思想的方法。由于采用了系统工程的理论，美国在短短五六年的时间里成功研制原子弹。1950年，美国麻省理工学院开设了系统工程课程运用数学方法搞管理，取得了一定效果。

总体来说，这一阶段出现了"系统工程学科"，但由于刚刚出现，还没有被引起广泛重视，只有为数不多的人进行研究，并简单地运用在解决实际问题中，属于起步阶段。

（二）发展阶段

在这个阶段里，人们已经开始自觉地应用系统科学的理论，因此该理论也得到一定的发展。这个时期的重要事件有以下几个：

1957年，美国密歇根大学的歌德和麦克霍尔合著了第一本以"系统工程"为名的书，对系统工程进行了初步的阐述。

1962年，美国国防部长麦克纳马拉提出了"PPBS"系统（即规划、计划、预算系统），提出了三军联合起来统一预算，并成立系统分析部，大力推行系统工程，七年间节约了数百亿美元。

1963年，美国亚利桑那大学设立了系统工程系，其他大学也开设了这方面的专业或课程。同时，美国电工电子工程师学会在科学与电子部分，设立了系统工程学科委员会，从1964年起，美国每年都要举行系统工程年会，出版专利。

（三）形成一定规模且继续发展阶段

1965年，美国出版了《系统工程手册》，其中阐述了系统工程理论、系统技术、系统数学、系统环境和系统元件等，基本概括了系统工程各个方面的内容，这是系统工程理论基本成熟的一个重要标志。

20世纪70年代以来，系统工程的应用已经远远超出了传统工程的概念，从大型工程的应用进入解决各种负载的社会—技术系统乃至社会—经济系统的最优规划、最优控制和最优管理。可以说，系统工程科学正在逐渐渗入我们的生活，同时也说明系统工程科学已经基本成熟并且继续发展着。

二 理论观点

系统工程是一门跨学科性、横向性、应用性学科。其学科性质制约于知识来源的跨学科性、知识结构的横向性、知识性能的应用性，这是系统工程活力之所在。系统工程的特征是：程序化、信息化、精确化、专业化和集约化，这是系统工程优势之所在。系统工程的综合功能，如研究客体与研究主体相结合，认识世界与改造世界相结合，改造自然与改造社会相结合，发展自然科学与发展哲学社会科学相结合，这是系统工程实力之所在。[①]

（一）学科性质，系统工程活力之所在

1. 知识来源的跨学科性。系统工程的知识长河，发源于"四面八方"。"四面"：（1）自然科学；（2）数学科学；（3）社会科学和哲学；（4）技术科学和工程技术。"八方"：（1）系统学；（2）运筹学；（3）控制论；（4）巨系统理论；（5）自动化技术；（6）信息论；（7）通信技术；（8）计算科学技术。现代科学技术的各大部类和系统科学体系的各门学科都被调动起来，为系统的工程技术——系统工程服务。

2. 知识结构的横向性。系统工程的知识体系，构成一种纵横交错的立体结构；它的专业基础学科，大多是由两门学科双边相交，具有边缘学科的特性。所不同的是，系统工程向各学科和各部门的渗透性很强，转移的速度很快，活动的领域很广。究其原因，它得益于知识结构的横向性，这是它区别于其他学科的本质特征。

3. 知识性能的应用性。系统工程是系统的工程技术，它与各种其他工程技术一样，其唯一的使命就是应用，就是实践，就是解决实际问题。系统工程唯实践是从，它吸取一切与系统实践有关的思想、理论、方法、技术和工具，它舍弃各种与系统实践无关的猜想和空论。因此，应用性乃是系统工程区别于系统科学其他组成部分——一般系统论、耗散结构理论、协同学等的本质特性。

（二）主要特征，系统工程优势之所在

1. 程序化。系统工程是运用工程的方法来治理系统的技术，程序化是系统工程的重要特征之一。无论对自然界系统还是社会系统，天然系统还是人

---

① 王兴成：《跨学科研究的范型——试论系统工程的结构和功能》，《中国社会科学院研究生院学报》1985 年第 2 期。

造系统，物质生产系统还是精神生产系统等，都必须按严格的科学程序办事。这些程序包括：可行性分析、方案论证、技术设计、施工建设、组织验收、投产运行、监视维护等。①

2. 信息化。系统工程是以信息技术为主要工具来治理系统的技术。信息化是系统工程的重要特征之一。无论任何系统，对其中的物质、能量、信息三者来说，系统工程主要抓住信息不放，依靠信息技术，有效地调度物质和能量的活动。各专门系统工程在其实施的过程中，都必须收集和加工与之有关的一切内容和一切形式的信息。系统工程在加工这些信息时，必须运用以电子计算机为主的现代信息技术。

3. 精确化。系统工程是以引入数学为主要优势来治理系统的技术。精确化是系统工程的重要特征之一。无论任何系统，对其中量与质的关系，系统工程狠抓不放，请来"科学技术的皇后"——数学，使用运筹学等数学工具，力求精确地、正确地来设计和控制系统。

4. 专业化。系统工程是由专业人员参与治理系统的技术。专业化是系统工程的重要特征之一。系统工程面临的各种各样的系统，大都必须由专业人员来设计、操纵、组织和管理。系统工程离开有关的专业人员是寸步难行的。系统工程与传统的经验管理截然不同，需要有一大批经过专门的科学教育和严格的技术训练的专家来从事这项工作。

5. 集约化。系统工程是用集约方式治理系统的技术，这是由传统的粗放式管理走向集约化管理的崭新阶段。集约化是系统工程的重要特征之一。"时间就是财富，效率就是生命"，这是集约化管理的真实写照，也是系统工程孜孜以求的目标。系统工程的一切理论、方法、技术和工具都是围绕"效益"二字进行运转，系统工程的全部程序、模型、设备和人员，都是围绕"效益"二字进行活动。只有集约化，才能产生高效益；唯有高效益，才能说明达到了集约化。

（三）综合功能，系统工程实力之所在

1. 研究客体的功能与研究主体的功能相结合。系统工程面临的研究课题

---

① 宋健：《系统工程和新技术革命》，见《迎接新的技术革命》（下册），湖南科学技术出版社1984年版。

无法把主客体截然分开，相反，必须把两者紧密地结合在一起。系统工程必须阐明谁与客体发生相互作用，何种相互作用是适宜的。系统工程既发挥客体的功能，又发挥研究主体的功能，一身二任，使许多传统学科望尘莫及，使广大的研究者大显身手。

2. 认识世界的功能与改造世界的功能相结合。系统工程的工作程序、直接目的及其改造世界的过程本身，都是一个认识世界的问题，都要输送出大量的信息。因此，它是认识世界和改造世界两种功能的结合。

3. 改造自然的功能与改造社会的功能相结合。传统的隶属自然科学的工程技术负责改造自然，而社会科学的应用学科专司改造社会。系统科学和系统工程崛起，跨越了两大部类长期形成的鸿沟，从自然领域走向社会领域，把改造自然与改造社会统一起来。系统工程既发挥改造自然的功能，又发挥改造社会的功能，集自然技术和社会技术于一体，把传统的工程技术推进到一个崭新的阶段。

4. 发展自然科学的功能与发展哲学社会科学的功能相结合。从20世纪50年代开始，系统科学和系统工程越出传统的自然科学和工程技术部门，进入广阔的社会领域和社会科学领域。系统工程在自然科学和哲学社会科学之间架起了一座桥梁，大大推动了现代科学技术整体化的发展趋势。

三　理论启示

（一）以系统工程思路抓生态建设①

大自然是一个相互依存、相互影响的系统。山水林田湖草是一个生命共同体，人的命脉在田，田的命脉在水，水的命脉在山，山的命脉在土，土的命脉在树。如果种树的只管种树、治水的只管治水、护田的单纯护田，很容易顾此失彼，最终造成生态的系统性破坏。习近平总书记强调，环境治理是一个系统工程，必须作为重大民生实事紧紧抓在手上。要按照系统工程的思路，抓好生态文明建设重点任务的落实，切实把能源资源保障好，把环境污染治理好，把生态环境建设好，为人民群众创造良好的生产生活环境。

---

① 中共中央文献研究室：《习近平关于社会主义生态文明建设论述摘编》，中央文献出版社2017年版。

1. 牢固树立生态红线观念。生态红线，就是国家生态安全的底线和生命线，这个红线不能突破，一旦突破必将危及生态安全、人民生产生活和国家可持续发展。我国的生态环境问题已经到了很严重的程度，非采取最严厉的措施不可，不然不仅生态环境恶化的总体态势很难从根本上得到扭转，而且我们设想的其他生态环境发展目标也难以实现。习近平总书记强调："在生态环境保护问题上，就是要不能越雷池一步，否则就应该受到惩罚。"要设定并严守资源消耗上限、环境质量底线、生态保护红线，将各类开发活动限制在资源环境承载能力之内。对于生态保护红线，全党全国要一体遵行，决不能逾越，确保生态功能不降低、面积不减少、性质不改变。

2. 优化国土空间开发格局。国土是生态文明建设的空间载体，要按照人口资源环境相均衡、经济社会生态效益相统一的原则，统筹人口分布、经济布局、国土利用、生态环境保护，科学布局生产空间、生活空间、生态空间，给自然留下更多修复空间，给农业留下更多良田，给子孙后代留下天蓝、地绿、水净的美好家园。加快实施主体功能区战略，以主体功能区规划为基础统筹各类空间性规划，推进"多规合一"。加快完善主体功能区政策体系，实行差异化绩效考核，推动各地区依据主体功能区定位发展，严格实施环境功能区划，构建科学合理的城镇化推进格局、农业发展格局、生态安全格局，保障国家和区域生态安全，提高生态服务功能。要坚持陆海统筹，进一步关心海洋、认识海洋、经略海洋，提高海洋资源开发能力，保护海洋生态环境，扎实推进海洋强国建设。

3. 全面促进资源节约。对生态环境的破坏，主要来自对资源的过度开发、粗放利用。建设生态文明必须从资源利用这个源头抓起，把节约资源作为根本之策。树立节约集约循环利用的资源观，推动资源利用方式根本转变，加强全过程节约管理，实行能源和水资源消耗、建设用地等总量和强度双控行动，大幅提高资源利用综合效益。推进能源消费革命，全面推动能源节约，确保国家能源安全，有效控制温室气体排放，主动适应气候变化。加强水源地保护，推进水循环利用，全面推进节水型社会建设。严守18亿亩耕地保护红线，严格保护耕地特别是基本农田，严格土地用途管制。加强矿产资源勘查、保护、合理开发，提高综合利用水平。大力发展循环经济，促进生产、流通、消费过程的减量化、再利用、资源化。

4. 加大生态环境保护力度。要以提高环境质量为核心，以解决损害群众健康的突出环境问题为重点，坚持预防为主、综合治理，强化大气、水、土壤等污染防治。着力推进颗粒物污染防治，着力推进重点流域和区域水污染防治，着力推进重金属污染和土壤污染综合治理，集中力量优先解决好细颗粒物（PM$_{2.5}$）、饮用水、土壤、重金属、化学品等损害群众健康的突出问题，切实改善环境质量。实施重大生态修复工程，增强生态产品生产能力，推进荒漠化、石漠化综合治理，扩大湖泊、湿地面积，维护生物多样性，筑牢生态安全屏障。

5. 推动形成公平合理、合作共赢的全球气候治理体系。全球气候治理，中国因素不可或缺。中国把应对气候变化融入国家经济社会发展中长期规划，坚持减缓和适应气候变化并重，承诺将于2030年左右使二氧化碳排放达到峰值并争取尽早实现。在推进国内生态文明建设的同时，要深度参与全球气候治理，积极参与应对全球气候变化谈判。积极承担与我国基本国情、发展阶段和实际能力相符的国际义务，从全球视野加快推进生态文明建设，把绿色发展转化为新的综合国力和国际竞争新优势，为推动世界绿色发展、维护全球生态安全作出积极贡献。

（二）运用系统工程方法保护生态环境

十九大报告指出："坚持人与自然和谐共生，统筹山水林田湖草系统治理……加快水污染防治，实施流域环境和近岸海域综合治理……加大生态系统保护力度，实施重要生态系统保护和修复重大工程。"这刻画了自然生态建设和生态环境保护的大格局。

运用系统工程方法，全方位、全地域、全过程开展生态环境保护建设。生态环境保护是一个宏大的系统工程，涉及经济、生态、资源、人口、教育、科技等诸多因素，具有复杂性、长期性、公益性、整体性的特点。实施生态治理，牵涉到多个行业、多个部门、多个利益主体，需要统筹规划，协调配合，才能确保治理的顺利开展。但是，目前我国生态治理工作存在着多元主体利益冲突、多部门配合失调以及公众参与困难等诸多问题。因此，树立可持续发展的协调观，培育有利于生态恢复的生境；统筹兼顾各方利益，形成多级治理合力；加强部门职能的协调，创新联合治理的体制与机制；强化科学管理，确保治理质量；调动广大公众参与治理的积极性，夯实合作建设的基础等多部门合作与协调势在必行。①

　　生态环境是一个由多重要素组成、受多种因素影响的复杂庞大系统。树立"环境治理是一个系统工程"的生态系统观，就是要按照系统工程的思路，突出重点和关键，打好源头严防、过程严管、后果严惩的"组合拳"。源头严防是治本之策，重点要把好规划、准入和排污总量关，落实主体功能区制度，严守生态红线，加强用途管制，明确开发管制界限；严格项目环评和规划环评，防止"带病"项目上马；健全并严格落实污染物排放总量控制等制度，使污染物排放始终控制在环境可承载范围内。过程严管是关键之举，重点是落实资源有偿使用，完善生态补偿机制，健全资源环境监测预警体系和污染联防联控机制，最大限度减少污染物的排放。后果严惩是落实之要，实行铁腕治污，保持高压态势，严厉打击破坏环境违法行为。源头严防、过程严管、后果严惩是一个完整的制度链条和工作体系。只有加强源头严防，才能做到过程清晰严管；只要做到过程严管，就会大大减少环境损害事件，责任追究和损害赔偿案件自然就会下降。② 同时，生态治理是一项长期复杂的系统工程，需要多方支持，政府、企业、资金和技术一个都不能少。然而，在现有的环保体制背景下，开展生态治理则显得非常被动，必须做好顶层设计、统筹规划，形成合力；必须加快改革步伐，在转变经济发展方式上下功夫；必须强化环境污染出口管理和入口管理相结合，加快环保体制改革。③

　　西北地区生态治理是一项长期的、复杂而艰巨的系统性工程，需要不断更新对生态环境变化趋势的科学认识和把握，需要着眼国家生态环境管理的迫切需求，整合现有生态环境系统工程研究，需要经过较长时间甚至几代人的艰苦努力才能取得成功。特别是，防治土地荒漠化是西北地区重大的生态工程，更是重大的社会工程，全面遏制土地荒漠化扩展需要一个长期的过程。要运用系统工程方法，最终在西北地区构建人与自然和谐发展的生态安全格局。

---

①　王蓉：《生态治理中多部门合作困境与治理对策》，《四川行政学院学报》2009 年第 6 期。
②　张文雄：《关键要树立生态文明新理念》，《湖南日报》2014 年 11 月 19 日第 8 版。
③　王振红：《生态治理亟待国家战略顶层设计》，中国网，2015 年 6 月 8 日。

第四章　生态治理的重点体系

国家生态治理体系现代化是经济、政治、社会现代化的必然要求，体现在各个方面，同时也是立体和多维的。从观念到行为，从政策到制度，从政治到经济，从政府到个人，渗透到各个领域、各个角落。[1]

第一节　产业体系

西北地区决不能盲目追求 GDP，必须提倡并实施绿色 GDP，必须以人与自然和谐发展为中心、以"自然—社会—经济"复杂巨系统的动态平衡为目标、以生态系统中物质循环能量转化与生物生长的规律为依据发展生态产业。生态产业是按生态经济原理和知识经济规律组织起来的基于生态系统承载能力、具有高效的经济过程及和谐的生态功能的网络型进化型产业。它通过两个或两个以上的生产体系或环节之间的系统耦合，使物质、能量多级利用、高效产出，资源、环境能系统开发、持续利用。[2] 生态产业突出了整体预防、生态效率、全生命周期、资源能源多层分级利用、可持续发展等重要概念。与传统产业追求产品数量和利润不同，生态产业是以企业的社会服务功能为生产目标，谋求工艺流程和产品结构的多样化，其核心是运用产业生态学方法，通过横向联合、纵向闭合、区域耦合、社会整合、功能导向、结构柔化、能力组合、增加就业和人性化生产等手段促进传统产业的生态转型，变产品

---

① 杨重光：《完善生态治理体系的五个要点》，《国家治理》2014 年第 20 期。
② 王如松、杨建新：《产业生态学和生态产业转型》，《世界科技研究与发展》2000 年第 5 期。

经济为功能经济，促进生态资产与经济资产、生态基础设施与生产基础设施、生态服务功能与社会服务功能的平衡与协调发展。① 根据"产业发展层次顺序及其与自然界的关系不同"的标准，生态产业可以划分为生态农业、生态工业及生态服务业。

一 生态农业

纵观人类农业的发展历史，其经历了大约 7000 年的原始农业阶段，3000 年的传统农业阶段，进入了至今大约 200 年的现代农业阶段。现代农业发展的历史虽然不长，但问题已经显现。20 世纪 70 年代以来，越来越多的人注意到，现代农业在给人们带来高效的劳动生产率和丰富的物质产品的同时，造成了土壤侵蚀、化肥和农药过量使用、能源危机加剧、环境污染等诸多生态危机。面对这些问题，将生态农业作为农业发展的正确方向，得到了越来越多的认可。② 生态农业是因地制宜应用生物共生和物质再循环原理及现代科学技术，结合系统工程方法而设计的综合农业生产体系。具体而言，生态农业利用生态学、经济学原理，提高农业资源生产率，提高土地轮作、废物循环利用和有机肥料使用的比例，降低农业水耗、物耗和能耗，降低农业化肥密度和农药密度，降低土地使用强度，减少农业环境污染和土地退化等。③ 与传统农业相比，生态农业具有综合性、多样性、高效性和持续性等特点。

早在 20 世纪三四十年代，瑞士、英国和日本等国的生态农业得到发展；20 世纪 60 年代，欧洲的许多农场转向生态耕作；20 世纪 70 年代末，东南亚地区开始研究生态农业。从 20 世纪 90 年代开始，世界各地的生态农业快速发展。其中，欧盟国家如德国、波兰、英国、荷兰等国的生态农业发展最为迅速，美国、澳大利亚、加拿大等发达国家的生态农业也快速发展。近些年来，菲律宾、印度、越南、印度尼西亚等国不断加大对生态农业的投入力度。受国际农业生态发展趋势、我国传统农业生产现状以及市场对农业发展的要求等因素的影响，我国生态农业得以兴起和发展。经过多年的发展，生态农

---

① 鲁伟：《生态产业：理论、实践及展望》，《经济问题》2014 年第 11 期。
② 张永帅：《梯田景观 生态农业（图）》，《云南经济日报》2014 年 4 月 10 日。
③ 何传启：《生态文明建设的三个布局》，《中国青年报》2015 年 9 月 28 日第 2 版。

业在我国达到一定的规模并形成了典型的模式，如"基塘"农业、生态草牧业、生态沙产业等。事实上，生态农业源于我国古代"天人合一"的哲学思想，深深扎根于古农学"天、地、人"的理论土壤之中，符合生态学和生态经济学的基本理论，为解决农业发展面临的问题提供了一条可持续发展的道路。温家宝总理曾经指出："21世纪是实现我国农业现代化的关键历史阶段。现代化的农业应该是高效的生态农业。"

二 生态工业

生态工业是指仿照自然界生态过程中物质和能量循环的方式，应用现代科技所建立和发展起来的一种多层次、多结构、多功能、变工业废弃物为原料、实现循环生产、集约经营管理的综合工业生产体系。[①] 其特点是利用工业生态学原理，提高工业资源生产率，降低工业的资源、能源和水消耗，降低工业三废排放，提高废物循环利用率等。[②]

生态工业是人类社会实现可持续发展、建设生态文明的必由之路。生态工业园是生态工业的一种重要实践形式，是一种新型工业组织形态。它通过模拟自然生态系统来设计工业园区的物流和能流。园区内采用废物交换、清洁生产等手段把一个企业产生的副产品或废物作为另一个企业的投入或原材料，实现物质闭路循环和能量多级利用，形成相互依存、类似自然生态系统食物链的工业生态系统，达到物质能量利用最大化和废物排放最小化的目的。[③] 目前，生态工业园已经成为许多国家产业发展战略的重要组成部分，并对经济社会的发展起着积极的推动作用。发达国家（如丹麦、美国、加拿大、日本等）很早就开始规划建设生态工业示范园区；发展中国家（如泰国、印度尼西亚、菲律宾和越南等）的生态工业园也得到较快发展。20世纪90年代以来，生态工业园开始成为世界工业园区发展领域的主题并取得了较为丰富的经验。我国的生态工业园发展较为迅速，在各地纷纷建立起来，为我国经济发展注入了新的活力。[④]

---

① 鲁伟：《生态产业：理论、实践及展望》，《经济问题》2014年第11期。
② 何传启：《生态文明建设的三个布局》，《中国青年报》2015年9月28日第2版。
③ 冯之浚：《循环经济的范式研究》，《中国人口·资源与环境》2007年第4期。
④ 鲁伟：《生态产业：理论、实践及展望》，《经济问题》2014年第11期。

三 生态服务业

生态服务业是为人们的生产和生活实现生态化发展提供有效服务的经济活动和产业形态，如企业节能减排的第三方治理服务，生产环境的评估、认证；生态环境治理的技术、信息、融资、保险及相关法律等服务；环境的净化、绿化、美化服务；生态农业技术、信息和管理的咨询、推介服务，农地、农业环境污染治理服务等。生态服务业也包括传统服务业的生态化或绿色发展，如生态商业、生态物流、生态旅游、生态金融等。生态服务业是一种正在兴起的现代服务产业，也是现代服务业发展的必然选择。大力发展生态服务业，以专业化、市场化、规模化的生态服务来推进资源节约、环境治理和生态优化，具有特别重要的意义。[1] 生态服务业因其不受发展空间和资源要素等限制，具有"无限制做大做强"的可能，大力发展生态服务业，已经成为推动循环经济建设的重要力量。除了生态旅游、生态物流，生态服务业还包括生态交通、生态教育、生态文化、生态住宿、生态餐饮等内容，虽然广泛分布于各个产业，但是其核心是实现生态发展，并且联系循环经济中的减量化、再使用、再循环的"3R 原则"，实现节能减排、人与自然和谐共存，让生态环境可持续发展。[2]

第二节 工程体系

围绕生态建设、环境保护，我国西北地区实施了多项重大生态治理工程，主要包括："三北"防护林工程、水土保持工程、退耕还林还草工程、天然林保护工程。

一 "三北"防护林工程[3]

我国西北地区约占国土总面积的 32% 以上，生态脆弱，土地荒漠化严重，

---

[1] 罗能生：《洞庭湖生态经济区的"新型动力"》，《湖南日报》2016 年 9 月 20 日第 5 版。

[2] 刘季辰：《生态服务业探路：新兴产业深度布局绿色矩阵》，《中国企业报》2016 年 10 月 18 日第 5 版。

[3] 《三北防护林工程概况》，新华网，2018 年 8 月 31 日。

是"三北"防护林工程重点建设区域。

（一）工程背景情况

为了从根本上改变我国西北、华北、东北地区风沙危害和水土流失的状况，国务院批准上马了"三北"防护林工程。1978年11月3日，国家计划委员会以计〔1978〕808号文件批准国家林业总局《西北、华北、东北防护林体系建设计划任务书》。1978年11月25日，国务院以国发〔1978〕244号文件批准国家林业总局《关于在西北、华北、东北风沙危害和水土流失重点地区建设大型防护林的规划》，至此，"三北"防护林工程正式启动实施。

（二）工程建设范围

按照总体规划，"三北"防护林工程的建设范围东起黑龙江的宾县，西至新疆的乌孜别里山口，北抵国界线，南沿天津、汾河、渭河、洮河下游、布长汗达山、喀喇昆仑山，东西长4480公里，南北宽560—1460公里。地理位置在东经73°26′—127°50′，北纬33°30′—50°12′之间。包括陕西、甘肃、宁夏、青海、新疆、山西、河北、北京、天津、内蒙古、辽宁、吉林、黑龙江13个省（自治区、直辖市）的551个县（旗、市、区）。工程建设总面积406.9万平方公里，占全国陆地总面积的42.4%。

（三）工程建设期限

三北工程规划从1978年开始到2050年结束，历时73年，分三个阶段、八期工程进行建设。1978—2000年为第一阶段，分三期工程：1978—1985年为一期工程，1986—1995年为二期工程，1996—2000年为三期工程；2001—2020年为第二阶段，分两期工程：2001—2010年为四期工程，2011—2020年为五期工程；2021—2050年为第三阶段，分三期工程：2021—2030年为六期工程，2031—2040年为七期工程，2041—2050年为八期工程。

（四）建设内容与规模

"三北"防护林工程规划造林3508.3万公顷（包括林带、林网折算面积），其中人工造林2637.1万公顷，占总任务的75.1%；飞播造林111.4万公顷，占总任务的3.2%；封山封沙育林759.8万公顷，占总任务的21.7%。四旁植树52.4亿株。规划总投资为576.8亿元，建设任务完成后，使三北地区的森林覆盖率由 5.05% 提高到 14.95%，风沙危害和水土流失得到有效控制，生态环境和人民群众的生产生活条件从根本上得到改善。

二　水土保持工程

西北地区生态治理的关键是保持水土。水土保持工程是西北地区防治水土流失的一项重要措施，是应用工程学原理，防治高原区、山区、风沙区水土流失，保护、改良与合理利用水土资源，并充分发挥水土资源的经济效益、社会效益和生态效益的一项措施。水土保持工程可分为以下四种类型：

（一）山坡防护工程：包括梯田、水平沟、水平阶、鱼鳞坑等；

（二）山沟治理工程：包括沟头防护工程、谷坊、拦沙坝、淤地坝等；

（三）山洪排导工程：包括排导沟等；

（四）小型蓄水用水工程：包括小型水库、引洪漫地等。

三　退耕还林还草工程

1998 年，长江、松花江、嫩江流域发生特大洪灾。灾后，党中央、国务院果断做出了实施退耕还林还草工程的重大战略决策，把生态承受力弱、不适宜耕种的坡耕地退耕，种上树和草。作为六大林业重点工程之一的退耕还林还草工程，是我国迄今为止投资量最大的生态环境建设工程，也是涉及面最广、政策性最强、群众直接参与的复杂系统工程。其主要任务是：通过采取"退耕还林（草）、封山绿化、以粮带赈、个体承包"的措施，从根本上扭转长江、黄河流域水土流失和北方地区土地沙化严重的局面，遏制中西部地区生态环境不断恶化的态势，促进农村产业结构调整及区域经济的持续、稳定和协调发展。[①]

1999 年以来，全国累计实施退耕还林还草 5.08 亿亩，其中退耕地还林还草 1.99 亿亩、荒山荒地造林 2.63 亿亩、封山育林 0.46 亿亩。通过一"退"一"还"，工程区生态修复明显加快，林草植被大幅度增加，森林覆盖率平均提高 4 个多百分点，一些地区提高十几个甚至几十个百分点，生态面貌大为改观。20 年来，退耕还林还草工程造林面积占我国重点工程造林总面积的

---

① 樊华：《退耕还林工程试点综合效益评价研究》，硕士学位论文，吉林大学，2004 年。

40%，目前成林面积近 4 亿亩，超过全国人工林保存面积的三分之一。通过实施退耕还林还草工程，把生态承受力弱、不适宜耕种的地退下来，种上树和草，是从源头上防治水土流失、减少自然灾害、固碳增汇和应对气候变化的重要措施，有利于推动山水林田湖草生态系统健康发展。[①]

四　天然林保护工程

天然林保护工程是我国六大林业重点工程之一，是以从根本上遏制生态环境恶化，保护生物多样性，促进社会、经济的可持续发展为宗旨；以对天然林的重新分类和区划，调整森林资源经营方向，促进天然林资源的保护、培育和发展为措施；以维护和改善生态环境，满足社会和国民经济发展对林产品的需求为根本目的的生态建设及重建工程。工程的主要任务包括加快工程区内宜林荒山荒地造林绿化和全面停止长江上游、黄河中上游地区工程区天然林的商品性采伐，大幅度调减长江上游、黄河中上游地区和东北、内蒙古等重点国有林区木材产量两个方面。[②]

工程范围初步确定为云南省、四川省、重庆市、贵州省、湖南省、湖北省、江西省、山西省、陕西省、甘肃省、青海省、宁夏回族自治区、新疆维吾尔自治区（含生产建设兵团）、内蒙古自治区、吉林省、黑龙江省（含大兴安岭）、海南省、河南省等 18 个省（区、市）的重点国有森工企业及长江、黄河中上游等地区生态地位重要的地方森工企业、采育场和以采伐天然林为经济支柱的国有林业局（场）、集体林场。

第三节　制度体系

生态治理制度体系是根本，它包括覆盖生产、流通、分配、消费各环节的相互协调、密不可分的系列制度以及保证制度实施的体制机制等。构建系

---

① 胡璐、蔡馨逸、林碧锋：《人与自然和谐共生的绿色实践——我国退耕还林还草工程实施 20 年成就综述》，新华网，2019 年 9 月 4 日。

② 胡会峰、刘国华：《中国天然林保护工程的固碳能力估算》，《生态学报》2006 年第 1 期。

统完备、科学规范、运行有效的制度体系是生态治理理念能否有效贯彻、治理行为能否规范实施、治理绩效能否顺利实现的基础和保证，决定着生态治理的方向、进程和质态。① 习近平总书记指出："只有实行最严格的制度、最严密的法治，才能为生态文明建设提供可靠保障。"一系列"源头严防、过程严管、后果严惩"的制度体系，为我国现代化生态转型、生态治理体系和治理能力现代化提供了制度保障。生态环境问题的制度根源在于市场失灵和政府失灵，即市场和政府对生态环境资源配置的无效率。生态环境问题不是从来就有的，而是人们制度安排失误的结果。因此，要实现生态环境资源的有效配置，彻底根除生态环境问题，必须进行科学的制度设计和制度创新，实施可持续发展战略。②

一 自然资源资产产权制度

造成生态环境破坏的根本原因，在于生态环境资源的"产权拥挤"和"产权缺失"。如果能够为自然环境资源建立排他性的产权安排，那么产权主体就可以通过市场交易自发地完成资源的最优配置，产生帕累托效率，并实现外部效应的内部化。在交易费用大于零的世界里，政府行为、法律以及组织等对于产权的界定有着至关重要的影响，对于产权的优化有重要影响。生态环境治理的制度创新，不仅是应对"政府失灵"和"市场失灵"，以及提高生态环境治理绩效的需要，也是满足市场和公众日益增长的优美生态环境需要以及维护国家生态安全等的应有之义。③

现行的自然资源资产产权制度大致形成于 20 世纪 90 年代初，为我国新时期改革开放、构建社会主义市场经济体系、支撑经济持续高速发展作出了重要贡献。但同时也暴露出诸多问题：一是对资产价值的认识问题。对自然资源资产的非经济价值认识严重不足，导致过度强调和追求自然资源资产的经济价值，忽视和削弱自然资源资产的生态价值、文化价值，由此而导致自然资源资产的过度消耗甚至严重浪费，进而减少了经济社会持续发展所依赖

---

① 刘建伟、漆思：《推进国家生态治理能力现代化》，《中国环境报》2014 年 6 月 16 日第 2 版。
② 方世南、张伟平：《生态环境问题的制度根源及其出路》，《自然辩证法研究》2004 年第 5 期。
③ 樊根耀：《生态环境治理制度研究述评》，《西北农林科技大学学报》（社会科学版）2003 年第 4 期。

的自然资源资产存量。二是产权主体的合理性问题。自然资源产权主体为国家和集体两种形式。两个主体的法律地位、经济地位等有着显著差异，表现为国家主体地位的优越性和优先权，以及集体主体地位的从属和滞后性。三是产权边界的清晰性问题。各类自然资源之间、各产权主体之间，往往不同程度地存在产权边界不清晰的问题，导致自然资源产权主体之间的利益冲突，以及各类自然资源之间用途及监管责任的重叠或缺失等，导致自然资源处置和利益中的矛盾，进而影响到自然资源利用和收益分配的公平与效率。四是产权权能的完整性问题。产权是权利束，缺一不可。现实中，往往存在处置权或受益权的缺失、错位或受到（不同程度的）侵害等问题。特别表现为集体产权主体的资源处置权的残缺或易位，以及受益权的缺失或受到侵害。五是产权转移的顺畅度问题。资源产权转移顺畅与否，直接关系到资源利用的效率高低。目前，资源产权转移还存在体制、机制及媒介等方面的问题，由此影响到产权转移的顺畅性，进而影响到产权转移的规模、效率和效果，不利于资源高效利用。六是收益格局的合理性问题。资源产权问题的核心是收益问题。能否保障资源产权主体获得应得收益，是衡量资源产权制度优劣的关键。目前资源产权制度尚不能保障产权主体获得应得资源收益，既表现为国有产权主体的资源收益流失的问题，也表现为集体产权主体的资源收益受到侵害的问题。国有和集体产权主体的资源收益往往不同程度地存在收益流失或受到侵害的问题。① 只有自然资源资产产权主体的权利和责任明确，相关的开发和保护活动才能顺利实施。

党的十八届三中全会指出，市场在资源配置中起决定性作用。如果自然资源要通过市场来配置的话，那么首先就必须给自然资源赋予产权。② 自然资源资产产权制度，是关于自然资源资产产权主体结构、主体行为、权利指向、利益关系等方面的制度安排。亦可理解为关于自然资源资产产权的形成、设置、行使、转移、结果、消灭等的规定或安排。自然资源资产公有（全民所有和集体所有两种形式），全民或集体共享自然资源资产的福利，自然资源资

---

① 谷树忠、李维明：《自然资源资产产权制度的五个基本问题》，《中国经济时报》2015年10月23日第14版。

② 郭兆晖：《建立自然资源资产产权制度》，《学习时报》2013年12月16日第D3版。

产福利接受全民或集体的监督，是我国自然资源资产产权制度的根本特征。自然资源资产产权制度，是生态文明制度体系的一项基本制度，其重要性主要体现在两个方面：其一，自然资源资产产权制度直接关系到自然资源资产的归属关系是否清晰、主体责任是否清晰、主体权利是否明确、主体利益能否实现，从而关系到自然资源资产能否得到有效的保全、能否得到合理的利用、能否实现应有的效果，关系到自然资源资产的增值或贬值，进而关系到国家和民族生存和发展必不可少的自然资源基础能否得到维系和加强。其二，鉴于多数生态环境问题往往是由于自然资源开发利用保护不当所引致的，因此，自然资源资产产权制度还关系到大气、水、土壤环境能否得到有效保护和改良，也关系到农田、草场、森林、水域及海洋等生态系统能否得到保护、修复和改良。从另外一个角度看，生态环境本身亦可视作广义自然资源资产的重要组成部分。①

二　生态保护红线制度

生态保护红线是结合我国生态保护实践提出的创新性举措。2011 年 10 月，国务院发布了《关于加强环境保护重点工作的意见》，最早正式提出划定生态保护红线。"十三五"期间，根据主体功能定位和空间规划要求，划定生产空间、生活空间、生态空间，明确城镇建设区、工业区、农村居民点等的开发边界，以及耕地、草原、河流、湖泊、湿地等的保护边界，这些边界就是生态红线。通过红线划定，逐步优化发展的空间布局，守住生态环境安全的底线。② 然而，生态环境管理缺乏综合性、权威性的组织协调机构，各部门立法依然存在分割现象，很难做到对生态保护红线划定工作进行统一部署与实施；分部门、分区域的管理模式使得生态红线缺乏统一的管护标准和制度（如：产业环境准入标准、考核与责任追究制度、生态补偿制度等），增加了生态红线制度实施的难度。③ 2017 年 2 月 7 日，中共中央办公厅、国务院办公厅公布了《关于划定并严守生态保护红线的若干意见》，明确提出，到 2020

---

① 谷树忠、李维明：《自然资源资产产权制度的五个基本问题》，《中国经济时报》2015 年 10 月 23 日第 14 版。
② 陈吉宁：《改革生态环保制度　提升环境治理能力》，《中国环境报》2015 年 11 月 11 日第 1 版。
③ 郑华、欧阳志云：《生态红线的实践与思考》，《中国科学院院刊》2014 年第 4 期。

年全面完成我国生态保护红线划定，勘界定标，基本建立生态保护红线制度。意见要求，以改善生态环境质量为核心，以保障和维护生态功能为主线，按照山水林田湖系统保护的要求，划定并严守生态保护红线，实现一条红线管控重要生态空间，确保生态功能不降低、面积不减少、性质不改变。意见提出，科学划定生态保护红线。将生态保护红线落实到地块，明确生态系统类型、主要生态功能，通过自然资源统一确权登记明确用地性质与土地权属，形成生态保护红线全国"一张图"。①

建立生态保护红线制度是生态红线不被逾越的基础和保障。具体而言，划定生态保护红线有以下必要性：一是维护国家生态安全的客观需求。近年来，我国生态空间不断被挤占，生态环境问题突出，生态系统退化严重，生态安全形势严峻。划定生态保护红线有利于保护良好生态系统，改善和提升生态系统服务功能，构建国土生态安全格局。二是国家意志的体现。新修订的《环境保护法》和《国家安全法》均对"划定生态保护红线并实施严格保护"做出了明确规定。十八大以来，党中央、国务院先后出台了一系列重要文件推进生态文明建设，生态保护红线的划定能使国土空间开发、利用和保护边界更加清晰，明确哪里该保护，哪里能开发，对于落实主体功能区制度，加快建立国土空间开发保护和用途管制制度等具有重要作用。三是深化生态保护管理体制改革的重要途径。当前，我国各级各类生态保护区域类型多，自然保护区、森林公园、风景名胜区、地质公园、湿地公园、世界自然文化遗产、饮用水水源地等保护地有10000多处，约占陆地国土面积的18%。生态保护区中，自然保护区有2740个，面积约147万平方公里，占全国总面积的14.8%。现今各类保护地空间界限不清，交叉重叠，多头监管，政出多门，管理效率低，亟须通过划定生态保护红线，对事关国家生态安全的重要生态区域严格监管，提高生态管护成效。②

三 国土空间开发保护制度

国土空间是一个国家和民族最宝贵的自然资源，是生态文明建设的空间

---

① 高敬：《我国首次开启生态保护红线战略》，新华社，2017年2月7日。
② 《划定并严守生态保护红线　保障国家生态安全——访环境保护部副部长黄润秋》，《中国环境报》2017年2月10日。

载体。改革开放以来，我国的国土空间开发利用取得巨大成就，但是也面临着国土空间开发失衡和资源约束趋紧等突出问题。当前，我国空间治理能力相对落后与国土面貌正在发生的巨大变化不适应，国土资源供给短缺与生产生活持续增长的空间需求不平衡，国土空间开发利用效率较低。大力推进生态文明建设，优化国土空间开发格局，迫切要求加快转变国土开发利用方式。①

习近平总书记在党的十九大报告中指出："构建国土空间开发保护制度。"这是遵循自然规律、有效防止在开发利用自然方面走弯路的重大举措。构建国土空间开发保护制度，要按照人口资源环境相均衡，生产空间、生活空间、生态空间三大功能空间科学布局，经济效益、社会效益、生态效益三类效益有机统一的原则，以法律为依据，以空间规划为基础，以用途管制和市场化机制为手段，严格控制国土空间开发强度，调整优化空间结构，促进生产空间集约高效、生活空间宜居适度、生态空间山清水秀，给自然留下更多修复空间，给农业留下更多良田，给子孙留下天蓝、地绿、水净的美好家园。重点要注意以下三个方面。第一，完善主体功能区配套政策。实施主体功能区战略，是解决我国国土空间开发中存在问题的根本途径，是促进区域协调发展、实现人口与经济合理分布并与资源环境承载能力相适应的有效途径，有助于提高资源利用率、实现可持续发展。第二，建立以国家公园为主体的自然保护地体系。建立国家公园体制是党的十八届三中全会提出的重大改革举措，是我国生态文明制度建设的重要内容。第三，建立空间治理体系。这是党的十八届五中全会提出推动绿色发展的重要任务。② 按照主体功能区规划的要求分功能、分区域、分重点进行生态保护、资源开发、经济建设。在生态破坏严重的地区，切实做好污染治理和生态修复工作，制定科学合理的修复方案，加大资金投入和监管力度，促进生态恢复。

四　领导干部自然资源资产离任审计制度

党的十八届三中全会通过的《中共中央关于全面深化改革若干重大问题

---

① 樊杰：《加快建立国土空间开发保护制度》，《人民日报》2018 年 5 月 23 日。
② 闫妍、秦华：《问：如何构建国土空间开发保护制度？》，人民网 – 中国共产党新闻网，2017年 11 月 17 日。

的决定》提出，"探索编制自然资源资产负债表，对领导干部实行自然资源资产离任审计"。这是党中央加强生态文明建设的重大制度创新，是审计机关推进全面深化改革的重要工作任务。编制自然资源资产负债表，既可以有效解决经济发展带来的财富增长与对资源环境的破坏同时核算的问题，又可以解决联合国资源环境综合核算体系存在的资源环境破坏在 GDP 核算中直接抵消的问题，能够促使人类社会建立起一种经济发展和资源环境保护正向激励的制度体系，促进人与自然的和谐发展，为人类社会的生态文明建设贡献中国智慧。① 领导干部自然资源资产离任审计是一项全新的审计制度，目的是为了推动领导干部守法、守纪、守规、尽责，切实履行自然资源资产管理和生态环境保护责任，促进自然资源资产节约集约利用和生态环境安全。② 根据中央办公厅、国务院办公厅《开展领导干部自然资源资产离任审计试点方案》《领导干部自然资源资产离任审计规定（试行)》的要求，领导干部自然资源资产离任审计是一种特殊的经济责任审计，也是一种特殊的资源环境审计，其目标是强化领导干部对生态文明建设的责任，促进建立生态环境损害责任终身追究制，推动实现可持续发展、科学发展。③

审计机关、内审机构、中介组织和社会公众均可通过不同的方式成为审计主体；审计的根本目标是促进领导干部树立正确的政绩观，从而推动科学发展，维护人民群众根本利益，维护国家资源安全；审计的直接目标是促进建立健全系统完整的自然资源资产管理制度体系，促进用制度来加强对自然资源资产的管理；审计的对象范围主要包括土地、矿产、水、森林、海洋等自然资源资产。④ 审计内容主要包括审计自然资源资产的法规政策执行情况、重大决策事项、使用情况、监管情况和资产负债表。审计的实施路径应以生态文明建设决策责任、执行责任、监管责任的履行为主线，以政策审计、资金审计、项目审计、法规政策制度执行审计、监管审计和报表审计为抓手。⑤

---

① 张金昌：《编制自然资源资产负债表的历史性意义》，《人民论坛》2018 年第 24 期。

② 《努力实践 大胆探索 领导干部自然资源资产离任审计湖南模式》，http://www.audit.gov.cn/n9/n1622/c127866/content.html，2018 年 11 月 5 日。

③ 林忠华：《探索领导干部自然资源资产离任审计》，《贵阳市委党校学报》2014 年第 5 期。

④ 陈献东：《开展领导干部自然资源资产离任审计的若干思考》，《审计研究》2014 年第 5 期。

⑤ 林忠华：《领导干部自然资源资产离任审计探讨》，《审计研究》2014 年第 5 期。

2017 年,中共中央办公厅、国务院办公厅出台的《领导干部自然资源资产离任审计规定(试行)》,是对 2015 年《开展领导干部自然资源资产离任审计试点方案》的延伸。截至 2017 年 10 月,全国审计机关共实施领导干部自然资源资产离任审计试点项目 827 个,涉及被审计领导干部 1210 人。审计试点坚持"问题导向",重点探索揭示自然资源资产管理和生态环境保护中存在的突出问题,并积极探索符合实际的有效组织形式,形成了可推广可复制的经验做法,为起草规定提供了坚实的实践积累。党的十九大报告提出,像对待生命一样对待生态环境,统筹山水林田湖草系统治理,实行最严格的生态环境保护制度。《规定》明确,该项审计内容主要包括领导干部贯彻执行中央生态文明建设方针政策和决策部署情况、遵守自然资源资产管理和生态环境保护法律法规情况、组织自然资源资产和生态环境保护相关资金征管用和项目建设运行情况等。同时,审计机关应当充分考虑被审计领导干部所在地区的主体功能定位、自然资源资产禀赋特点、资源环境承载能力等,针对不同类别自然资源资产和重要生态环境保护事项,分别确定审计内容,突出审计重点。规定要求,各级审计机关树立大数据审计理念,推进"总体分析、发现疑点、分散核实、系统研究"的数字化审计方式,加大自然资源资产和生态环境领域地理信息数据和相关业务、财务等数据收集、挖掘和分析力度,进一步推进资源环境审计信息化建设,提升大数据审计工作水平,提高审计工作质量和效率。规定还明确表示,国务院及地方各级政府负有自然资源资产管理和生态环境保护职责的工作部门应当加强部门联动,尽快建立自然资源资产数据共享平台,并向审计机关开放,为审计提供专业支持和制度保障,支持、配合审计机关开展审计。为此,除了加强部门联动,政府还可考虑综合利用来自科研院所等单位的专业人士共同参与相关审计项目,把这项审计做精做实,督促协助领导干部打好"生态牌"、算好"生态账"。[①]

五 环境保护公众参与制度

推动公众依法有序参与环境保护,是党和国家的明确要求,也是加快转

---

① 刘红霞:《领导要离任 先过"生态关"——解读〈领导干部自然资源资产离任审计规定(试行)〉》,新华网,2017 年 11 月 29 日。

变经济社会发展方式和全面深化改革步伐的客观需求。党的十八大报告明确指出，"保障人民知情权、参与权、表达权、监督权，是权力正确运行的重要保证"。新修订的《环境保护法》在总则中明确规定了"公众参与"原则，并对"信息公开和公众参与"进行专章规定。中共中央、国务院《关于加快推进生态文明建设的意见》中提出要"鼓励公众积极参与。完善公众参与制度，及时准确披露各类环境信息，扩大公开范围，保障公众知情权，维护公众环境权益"①。为贯彻落实党和国家对环境保护公众参与的具体要求，满足公众对良好生态环境的期待和参与环境保护事务的热情，环境保护部于2015年7月发布了《环境保护公众参与办法》（以下简称《办法》），作为新修订的《环境保护法》的重要配套细则。希望通过《办法》的出台，切实保障公民、法人和其他组织获取环境信息、参与和监督环境保护的权利，畅通参与渠道，规范引导公众依法、有序、理性参与，促进环境保护公众参与更加健康地发展。《办法》共20条，主要内容依次为：立法目的和依据，适用范围，参与原则，参与方式，各方主体权利、义务和责任，配套措施。在当前生态环境保护的新形势下，《办法》的出台恰逢其时，为环境保护公众参与提供了重要的制度保障，进一步明确和突出了公众参与在环境保护工作中的分量和作用。

环境保护公众参与制度是民主行政在环境保护领域的延伸。环境保护公众参与已作为一项基本原则，被许多国家的环境法所确认。广泛意义上讲，环境保护的公众参与，是指在环境保护领域，公众有权通过一定的途径参与一切与公众环境利益相关的活动。② 就目前环境法理论研究情况来看，对环境保护公众参与的定义大致可分为广义、相对狭义和狭义三种。其中广义的公众参与是指"在环境资源保护中，任何单位和个人都享有保护环境资源的权利，同时也负有保护环境资源的义务，都有平等地参与环境资源保护事业、参与环境决策的权利"③。相对狭义说则认为："公众参与是指公众及其代表根据环境法赋予的权利义务参与环境保护，是各级政府及有关部门的环境决

---

① 《环境保护部解读〈环境保护公众参与办法〉》，环境保护部网站，2015年7月22日。
② 周珂、王小龙：《环境影响评价中的公众参与》，《甘肃政法学院学报》2004年第3期。
③ 杨振东、王海青：《浅析环境保护公众参与制度》，《山东环境》2001年第5期。

策行为、环境经济行为以及环境管理部门的监管工作，听取公众意见，取得公众认可及提倡公众自我保护环境。"① 而狭义说则认为 "公众参与是指在环境保护领域里，公民有权通过一定的程序或途径参与一切与环境利益相关的决策活动，使得该项决策符合广大公民的切身利益"②。参与主体包括民众、社会组织（由 NGO 到政党）、国际组织等。公众参与环境保护的实现能力与国家容忍公众参与的程度，是环境保护公众参与范围的决定性因素。参与范围：一是参与国家环境管理的预测和决策；二是参与开发利用的环境管理过程以及环境保护制度实施过程；三是组成环保团体；四是参与环境纠纷的调解；五是具有环境请求权；六是参与环境科学技术的研究、示范和推广等。公众参与环境保护的途径很多，西方发达国家的经验主要有（但不限于）下列方式：咨询委员会、非正式小型聚会、一般公开说明会、社区组织说明会、公民审查委员会、听证会、发行手册简讯、邮寄名单、小组研究、民意调查、设立公共通讯站、记者会邀请意见、回答民众疑问等。③

在法律层面上，环境保护公众参与作为一种制度安排，应贯穿于环境法律实施的全过程。依据公众参与环境法律实施阶段的不同，将环境法上公众参与界定为环境立法参与、环境行政参与、环境司法参与；具体参与内容，应包括预案参与、过程参与和行为参与、末端参与等。预案参与指公众在环境政策、规划制定中和开发建设项目实施之前的参与，是公众参与的前提。过程参与指公众对环境法律、法规、政策、规划、计划及开发建设项目实施过程中的参与，是公众参与环保的关键，是监督性参与。行为参与指公众"从我做起"自觉保护环境的参与，是公众参与环保的根本，是自为性参与。末端参与是公众参与环保的保障，是把关性参与。环境保护公众参与就是在环境保护问题上形成"人人参与、处处参与、时时参与"的机制。为实现这一目标，增强环境保护的力度和统率环境保护的价值理念，有必要将公平、效力、正义和秩序作为其基础价值。公众参与制度为广大民众和相关群体在国家建设和规划时，面临不同群体间利益的冲突，提供了有效的表达途径和

① 曲格平：《环境保护知识读本》，红旗出版社 1999 年版。
② 田良：《论环境影响评价中公众参与的主体、内容和方法》，《兰州大学学报》（社会科学版）2005 年第 5 期。
③ 卓光俊：《我国环境保护中的公众参与制度研究》，博士学位论文，重庆大学，2012 年。

参与机制，使自己的主张和意见能够得到有效的关注和重视，是不同主体间利益冲突解决的有效机制。在环境资源法的制定和实施过程中（包括法律权利的设立和实施等），应该在保障基本公平的基础上，力求综合成本最低、综合效益最大（最佳）、综合效率最高。公众参与制度符合环境效益中平等、公开、中立等基本标准和要求，是实现环境效益的途径之一。公众参与环境保护是环境正义理论的必然要求，只有公众参与才能有效地平衡环境弱势群体的地位。环境秩序要求把人与自然对立的发展机制改造成为人与自然和谐的发展机制，实现环境与经济、人与自然的协调发展。它反映了人类社会系统和自然系统两个整体之间的协调关系。作为程序性的环境权，其要义便是公众参与环境保护，参与国家的环境决策，而参与国家环境决策权是其根本所在。公众参与制度的推行是保障人权的一种体现，公民通过参与环境决策，有效保护自己最基本的生存权，通过行使自己的权利，维护自身的利益。[1]

我国环境保护公众参与制度基本的价值目标，在于促进国家环境管理民主化、保障公民环境权的实现、提高公众环境意识以实现可持续发展目标。我国环境保护公众参与制度尚存在很多不足，为此，需要在立足现实国情的基础上，借鉴国外有益经验，从建立公众环境知情权保障机制、全方位拓展公众参与的路径、建立环境公益诉讼的法律机制等方面对这一制度进行重构。[2]

第四节　法治体系

"生态法治化"是生态治理的根本。一直以来，我国在为避免走西方国家"先污染后治理"的老路而努力。改革开放40多年来，环境立法的速度远快于市场经济立法。然而，环境立法仍然难以遏制环境质量的继续恶化。生态文明和生态建设在中国经济发展中的战略地位的确立意味着国家生态治理体系的重构。因此，未来必须以可持续发展为核心，将环境保护和环境治理纳

---

① 卓光俊：《我国环境保护中的公众参与制度研究》，博士学位论文，重庆大学，2012年。
② 史玉成：《论环境保护公众参与的价值目标与制度构建》，《法学家》2005年第1期。

入法制轨道，从立法、执法、司法、守法等环节全面推进我国生态法治体系建设。[1] 通过科学立法、严格执法、公正司法和全民守法，把生态治理纳入依法治理的轨道，既有利于推动生态法治化进程，也是促进国家治理体系和治理能力现代化、建设社会主义生态文明的基本保障。[2]

一　科学立法

建立健全完善的生态治理法律体系是依法推进我国生态治理现代化，切实推进生态文明建设的根本保障。目前，我国已经制定了较为完善的生态文明制度体系，其中包括一系列的污染防治法，也包括不同环境领域的法律，还包括与时俱进的实践规范法。这些具体环境领域方面的法律规范、具体污染防治的法律规范、具体实践方式的法律规范构成了生态治理的综合性法律体系。[3]

完备的环境法律法规体系是生态治理的必要保障。生态治理的主要对象是生态领域，涉及的却是经济社会生活的方方面面。因此，加强生态治理必须建立健全人口资源环境领域的相关法律法规体系，为生态治理奠定良好的法治基础，为生态治理提供有力支撑。我国有关生态治理的立法体系尽管已经初具规模，但是仍然存在一些有待完善的地方。第一，立法理念上，仍然存在事后弥补型的立法观念，并且对于生态的优先地位认识不够。这是环境法治建设工作中最为基础的一环，需要改进。第二，基本法缺失，对于生态治理进行系统保障的基本法律尚未出现，更多的是各个领域的零散性法律，这就容易导致法出多方，执行困难。第三，配套法律不健全，尚未形成完善的生态治理法治体系。因此，在原有法制基础上，还要进一步完善涉及生态治理的法律法规体系。同时，环境治理立法应更多地向预防式立法方向转变，积极推动在人口资源环境以及生态和防灾减灾等方面实现立法，从而不断推进我国生态治理的立法事业。[4]

必须将市场机制引入环境立法，完善生态环保经济法体系。一是实行环

①　张茉楠：《生态治理是实施国家生态文明战略的核心》，《证券时报》2015 年 11 月 3 日 A3 版。
②　周鑫：《依托法制开展生态治理的必由之路》，《人民论坛》2015 年第 5 期。
③　陶火生：《依法推进我国生态治理现代化》，《光明日报》2015 年 11 月 28 日第 6 版。
④　周鑫：《依托法制开展生态治理的必由之路》，《人民论坛》2015 年第 5 期。

境税费改革，明确规定依据污染排放、污染产品、生态保护和二氧化碳设立的环境税税目；二是修改《保险法》，继续完善环境责任保险制度，明确规定高风险、高危险企业必须投保强制性环境污染责任保险的环境责任保险制度；三是修订并依照《大气污染防治法》《水污染防治法》等，建立碳排放权、排污权、水权交易制度；四是深化资源性产品价格和税费改革，进一步完善体现生态价值和代际补偿的资源有偿使用制度和生态补偿制度，真正建立可持续发展的生态文明制度体系框架。① 制定修订固体废物污染防治、长江保护、海洋环境保护、生态环境监测、环境影响评价、清洁生产、循环经济等方面的法律法规。鼓励有条件的地方在环境治理领域可先于国家进行立法。②

提高生态环境立法质量是实现环境法治的前提。应从生态文明建设、绿色发展理念的视角不断健全生态环境法律体系。应本着因时而动的生态文明理念建立健全自然资源法律体系。③ 生态法治化的重要功能就在于对环境侵害进行有效的救济和补偿。通过建立合理的环境损害赔偿机制，由造成生态环境损害的责任者承担赔偿责任，确保污染受害者获得合理赔偿，从而责任共担、修复受损生态环境，有助于破除"企业污染、群众受害、政府买单"的困局。因而，需要从立法上明确规定生态环境损害的赔偿范围、责任主体、索赔主体、索赔途径、损害鉴定评估机构和管理规范、损害赔偿资金核定等基本问题。④

二　严格执法

在生态治理执法过程中仍然存在一些问题，主要表现在：第一，适用法律法规不准确甚至错误，执法程序不规范甚至违法。这是影响环境执法不规范、生态治理效果不显著的根本原因之一。第二，自由裁量权存在被滥用现象。例如对一些开发园区或企业的监管不力，使之长时间处于监管失控的状态。第三，经济主体或公民对于环保行政执法认识不够，或有意逃避，甚至阻碍环境执法，从而导致一些环境执法操作困难。这些问题如果不正视、不

---

① 王振红：《生态治理亟待国家战略顶层设计》，中国网，2015 年 6 月 8 日。
② 《中办国办印发〈关于构建现代环境治理体系的指导意见〉》，新华网，2020 年 3 月 3 日。
③ 吴平：《生态治理体系的价值取向和立法路径》，《中国经济时报》2016 年 8 月 22 日第 5 版。
④ 吴平：《生态治理需要强化法治思维》，《中国经济时报》2016 年 8 月 17 日第 5 版。

纠正，开展环境保护、实施生态治理就无从谈起。因此，开展生态治理必须从根本上解决这些问题。

　　生态治理执法过程中出现的上述问题，既有制度的原因，也有实践的原因。针对这些问题，必须做出相应调整。第一，要构建和推行各级领导干部考核新指标。加大对于节约资源、保护环境的执法力度，依法严惩各类破坏资源环境的行为。把节能减排、保护环境作为领导干部考核的重要指标，建立资源管理重大事件和破坏生态环境事件的责任追究制度。领导干部要牢固树立生态环境保护的理念，扎实推进生态治理工作。第二，加大生态治理执法力度，严厉打击侵害人民群众环境权益的违法行为。以往环境执法力度不够，对违规排污企业的法律震慑力不强。比如，2013 年环保部对华北地区工业企业废水去向和污染物达标情况进行排查，88 家企业被处以罚款，罚款总额 613 万余元，平均每家企业罚款还不到 7 万元。这种"违法成本低、守法成本高"的状况，让排污企业肆无忌惮，它们在破坏生态环境的同时，还不断侵害人民群众的环境权益。由此，要加大环境执法力度，强化环境监管，建设长效机制。2014 年新修订的《环境保护法》强化了企业污染防治责任，加大了对环境违法行为的法律制裁。党的十八届四中全会强调，要强化生产者环境保护的法律责任，大幅度提高违法成本，用严格的法律制度保护生态环境。2014 年年底，国务院办公厅印发了《关于加强环境监管执法的通知》，部署全面加强环境监管执法，严惩环境违法行为，加快解决影响科学发展和损害群众健康的突出环境问题，着力推进环境质量改善。此外，建立相关部门间建立协调平台，完善联合执法机制。促进专项生态治理法律，尤其是《环境影响评价法》等的应用。严厉惩治阻碍资源环境保护、不执行环境影响评价的行为，加强对这一领域的严格执法。第三，加强生态治理进程中的执法监督检查。各级人大和司法部门要加强对于人口资源环境工作的监管力度，排除对环境执法活动的干预，防止和克服地方和部门保护主义，惩治环境执法腐败现象，以有效的监督机制推进生态建设，从而维护生态治理严格执法的客观环境。①

　　只有加大环境执法的力度和效度，才能真正落实生态文明法治建设、开

---

① 周鑫：《依托法制开展生态治理的必由之路》，《人民论坛》2015 年第 5 期。

展生态治理、保护生态环境、维护群众环境权益，才能保障生态执法实效性，切实推进我国生态治理现代化。

三　公正司法

公正是法治的基础和生命线。开展生态治理，必须保证司法的严格性和公正性，竭力维护人民群众的环境权益，让人民群众在环境法治中感受到公平正义。

（一）实现生态治理的公正司法，必须加强和规范环境刑事犯罪的司法解释和案例指导，统一法律适用标准。以往在环境执法领域处罚畸轻畸重、自由裁量权过大等情况，容易滋生司法腐败，同时致使很多单位（或个人）敢于铤而走险，忽视生态价值和公众利益，频频出现超标排污、自然保护区内违法开发、违规采矿并破坏资源以及重大环境污染事件等。因此，必须在法律框架内，提高处罚标准、明确违法情形、规范处罚幅度，依法严厉打击破坏资源和环境的各种行为。为了确保法律的准确统一适用，2013年6月18日，最高人民法院、最高人民检察院发布《关于办理环境污染刑事案件适用法律若干问题的解释》，界定了严重污染环境的十四项认定标准并明确了从重处罚的情形，从而有利于在依法惩处环境污染刑事犯罪的过程中，实现司法公正。2020年，中办国办印发《关于构建现代环境治理体系的指导意见》强调，要加强司法保障。建立生态环境保护综合行政执法机关、公安机关、检察机关、审判机关信息共享、案情通报、案件移送制度。强化对破坏生态环境违法犯罪行为的查处侦办，加大对破坏生态环境案件的起诉力度，加强检察机关提起生态环境公益诉讼工作。在高级人民法院和具备条件的中基层人民法院调整设立专门的环境审判机构，统一生态环境案件的受案范围、审理程序等。探索建立"恢复性司法实践＋社会化综合治理"审判结果执行机制。①

（二）实现生态治理的公正司法，还要坚持以人为本，增强法律的可操作性和公众参与，为民众维权提供有力的法律保障。通过建立专门的环境诉讼机制和环境公益诉讼制度，扩大环境诉讼的受案范围，加强对于公民

---

① 《中办国办印发〈关于构建现代环境治理体系的指导意见〉》，新华网，2020年3月3日。

环境权益的司法救济。环境权益是涉及人民群众生存和发展的关键利益，因此必须在执法、司法以及社会治理等各个层面协同推进，依法保障人民群众的环境权益。2014 年新修订的《环境保护法》要求建立环境污染受害者公益诉讼制度，有利于保护其合法环境权益。同年 10 月，最高人民法院制定了《最高人民法院关于审理环境民事公益诉讼案件适用法律若干问题的解释（征求意见稿）》（以下称《解释》），向社会公开并广泛听取意见和建议。《解释》规定，对已经损害社会公共利益或者具有损害社会公共利益重大风险的污染环境、破坏生态的行为，法律规定的机关和有关组织依据民事诉讼法、环境保护法等法律的相关规定，可以依法提起诉讼，符合民事诉讼法相关规定的，人民法院应予以受理。由于环境民事公益诉讼涉及人民群众的根本环境权益，必须予以合法合理解决，避免行政权力过多干预，保证程序公正与实体公正。①

只有公正司法，加强环境法治的司法建设，才能在杜绝资源环境领域各类违法犯罪活动的同时，保障人民群众环境利益，并促进社会和谐稳定。

四　全民守法

若有法不依，生态治理则难见成效。在科学立法、严格执法、公正司法的基础上，必须牢固树立知法、懂法、守法理念，促进生态治理主体与相关经济运行主体和公众依法行事，保护生态环境，维护人民群众的环境权益。

（一）对于政府而言，必须依法开展生态治理，为全民守法营造良好的客观环境

作为生态治理的主体之一，政府要积极维护生态治理的法律环境。同时，要着力解决以下几个方面的问题：第一，正确认识行政命令与经济手段的关系。虽然生态治理需要政府的科学规划与严格规制，但是政府应扮演好"敲钟人"的角色，应以经济手段为主，行政命令为辅，促进相关主体在法律法规和制度规范下自觉、有序地开展活动，营造经济发展、社会建设与环境保护的和谐氛围。第二，贯彻落实《行政许可法》，在法制轨道

---

① 周鑫：《依托法制开展生态治理的必由之路》，《人民论坛》2015 年第 5 期。

内行使行政权力，避免权力滥用。领导干部要在尊法、学法、守法、用法上做表率，决不能知法犯法，甚至阻挠相关部门执法。政府应带头贯彻执行生态环境保护相关法律法规，如办公空调、办公出行、办公设备等，使用时要本着节能减排的原则。在政府采购方面，要积极推行绿色采购，避免发生重复性采购、浪费资源等现象。第三，积极营造守法环境，着力解决当前违法成本低、守法成本高的难题，严肃查处破坏资源环境的违法行为，保障守法者利益。只有在法律体系内依法行政，才能为生态治理提供坚强的政治保障。

（二）对于经济主体而言，必须依法开展经济活动，为生态治理提供良好的经济环境

法律是促使外部问题内部化的最佳途径，严格依法行使可以避免出现环境问题外部化。经济主体和生态环境关系密切，后者为前者提供各种资源以及废弃物的场所，主体行为直接影响生态环境质量。经济主体行为是生态治理的关键，对生态治理的成果具有举足轻重的影响。因此，经济主体必须在法律框架下运行，依法开展经济活动；用生态理性匡正经济理性，积极进行技术革新，开发节约资源、保护环境的新技术，并应用于经济活动之中；积极承担社会责任，促进人与自然和谐共生。知法守法是根本，也是经济主体开展活动、实现持续发展的保障。为此，坚决防范由于经济主体违法经营导致环境污染，引发环境群体性事件，政府不能充当违法经济主体的保护伞。

（三）对于公民个人而言，必须知法守法，树立生态文明理念，形成生态治理的社会环境

一方面，公众知法守法，有利于营造全社会的法治氛围，推动社会形成和谐的法律秩序。从公德层面看，我国人均资源占有量较低，对于生态治理来说，公民的资源节约意识和环境保护观念极其重要；从法律层面看，公民遵守相关环境法律法规，做到人人自律、人人守法，生态治理则具有了良好的民间基础。另一方面，公众环境意识的觉醒和维权意识的提高，对于政府生态治理主导作用的发挥、生态治理能力的提升有着极大的促进作用。因此，公众树立守法意识、环境保护理念具有重要意义。这就需要将相关法律纳入

普法教育和素质教育中，提高全社会的生态环境法律意识。其中，多元的教育主体，立体的教育内容，现代化的教育方式，可为生态治理提供良好的社会土壤。[1]

全社会都知法懂法，依法办事，是推进生态治理工作顺利开展的重要保证。只有政府、企业和社会（个人）都知法守法，依法开展活动，有意识地保护生态环境，生态治理才能够顺利、有序地进行。

---

① 周鑫：《依托法制开展生态治理的必由之路》，《人民论坛》2015 年第 5 期。

第五章　生态治理的主要模式

当前，我国较为严重的生态环境问题，部分原因可归结于现行生态治理模式的落后或滞后。因此，适应生态治理形势，转变传统治理理念，将生态治理从行政治理转向公共治理，从单一职能部门的小治理转向全社会共同参与的大治理，从区域治理转向全球治理，把生态治理模式建立在政府主导、市场调控和公众参与三个支点上。

第一节　生态经济模式

建设生态文明同时要改革生态经济的运行体制。生态经济的本质特征决定了生态经济要有特殊的资源配置方式。生态经济运行应以计划配置为主导，运用计划配置与市场配置、自然配置相协调的多元配置机制。生态经济领域起主导作用的计划配置根本不同于遵循行政长官意志高于一切原则的传统计划经济体制下的高度集中计划机制，而是遵循人、社会与大自然协调发展规律，最大限度地满足人类全面需要的计划配置。①

一　时代背景

人类社会曾经或正在处于传统线性经济发展模式和环境污染末端治理模式中。传统经济是一种"资源—产品—消费—污染排放"单向流动的线性经济，生产、消费过程不仅直接从自然生态系统中获取资源要素，还将废弃物

---

① 任艳：《生态文明建设的实践路径》，《湖北日报》2014 年 3 月 15 日第 5 版。

直接排向自然生态系统，造成生态破坏、环境污染，由此产生对传统经济模式改良的末端治理模式。但是，末端治理不仅技术难度大，而且投入多、运行成本高，使得经济系统、社会系统和生态系统难以协调发展。

传统的工业化经济增长是基于自然资源的无限供给。当自然资源稀缺、资源有效供给不足、生态环境恶化时，工业化经济增长就会受到制约，区域可持续发展就会受阻。从 1960 年代开始，发达国家工业化进程带来的生态危机，引发人们对于人类过度消耗地球资源的激烈批判和深刻反思。从 1962 年美国海洋生物学家蕾切尔·卡逊（Rachel Carson）发表《寂静的春天》、1972 年罗马俱乐部发表《增长的极限》，到荷兰大气化学家保罗·克鲁岑（Paul Crutzen）等提出地球在 20 世纪 50 年代已经迈入"人类世"时期的观点[1]，都在提醒人类需要改变无限消耗自然资源与破坏生态环境的行为，不仅要有经济理性，也要有生态理性。1960 年代美国经济学家鲍尔丁（Bouldin）和戴利（Daly）最早尝试将生态学与经济学融为一体，提出生态经济学的概念。1982 年，德国学者约瑟夫·胡伯（Joseph Huber）在《不再天真无邪的生态学》一书中提出了生态现代化，生态理性与经济理性兼顾。[2] 1980 年代初期，联合国环境规划署发布《环境状况报告》将生态经济作为主题。1980 年代，我国经济学家许涤新最早提出生态经济学概念，指出发展生态经济要遵循自然规律与经济规律，要保持生态平衡与经济平衡，且生态平衡占主导。

2003 年，世界著名学者、资深环境分析专家莱斯特·布朗撰写的《B 模式：拯救地球　延续文明》对传统线性经济发展模式进行了反思和批判，并将传统的以破坏环境和牺牲生态为代价，以高碳和线性经济的物质过程为特征的发展模式称作"A 模式"，认为这样"一切照旧"下去，我们的文明很快就会遭遇危机；而把以人为本的生态经济发展新模式称作"B 模式"——强调以人为本，把经济视作生态的一个子系统，通过由化石能源转向可再生能源、能效革命，构建生态经济发展新模式。2010 年，他的新作《B 模式 4.0：起来，拯救文明》中译本出版，该书被称作是对抗气候变化的宏伟蓝图。布

① CRUTZEN, P J、STOERMER, E F, The "Anthropocene", *Global Change Newsletter*, Issue 41, 2000.

② JOSEPH HUBER, Die verlorene Unschuld der kologie. Neue – Technologien und superindustriellen Entwicklung, Frankfurtam Main：Fisher, 1982.

朗除了列举"一切照旧"经济模式的诸多问题和挑战，还针对土地、人口、水资源、化石能源、可再生能源、城市、贫困、森林、食物安全等一系列与全球气候变化紧密相关的问题，指出了一系列切实可行的应对之道和解决办法——B 模式。①

当前基于 A 模式的世界经济已经陷入了庞氏困境，即世界经济的过度扩展，已经是在耗用地球自然资本的本金，而非仅仅耗用利息。一旦自然资本耗竭，经济和文明就会崩溃。布朗呼吁全世界立即行动，用类似"二战"时期珍珠港事件后美国迅速全面的战争动员的方式，恢复生态，修复地球，进行经济重构，以"B 模式"取代"A 模式"，拯救我们的地球，延续人类的文明。随着生态环境问题的日益严重，越来越多的生态学家和经济学家开展对生态经济系统的研究，生态经济模式被越来越广泛地借鉴和运用于实践。

二 主要内容

(一) 核心内涵

生态经济模式就是遵循生态规律和经济规律，合理利用自然资源，持续发展社会经济，实现生态保护和经济发展双重目标的发展方式。其核心内涵为：(1) 生产过程的生态化。传统经济模式是"原料—产品—废料"的生产过程，把加入生产过程、与产品无关的都作为废料排放到环境中；生态经济模式则把废料作为另一生产过程的原料而加以循环利用，这既节约资源，又减少污染。(2) 经济运行模式的生态化。第一，提高社会能量转换的相对效率，并使它成为评价经济行为的重要指标之一。第二，把"自然价值"纳入经济价值之中，形成一种生态经济价值的统一体。第三，建立一种抑制污染环境的经济机制。(3) 消费方式的生态化，如低碳生活、绿色消费。

有研究认为，生态经济是一个降工业化的过程和形态，不同于经济大生产、大消耗、大排放的方式，要突出以自然资源资产价值为重点推动生态经济化，利用资源但较少损耗资源。提高生态经济创造财富的能力，必须以健康、智慧、环保为主题，依靠产业融合延伸生态经济产业链，提高附加值。

---

① 麻晓东：《〈B 模式 4.0〉出版：与环境运动宗师莱斯特·布朗论道》，《科学时报》2010 年 7 月 1 日第 B1 版。

总之，生态经济是跳出工业化传统认知，以不损耗或较低损耗自然资源资产为前提，把生态优势转化为经济优势，继而进行财富创造、积累的发展过程。这一过程能够促进生态良性循环，使自然资产不断增值，自然财富和经济财富同步增长，真正体现"绿水青山就是金山银山"的发展理念；这一过程寻求资源化和绿色化的产业路径，探索利用而不损耗生态资源的方式来发展经济，是一种新的发展路径；这一过程是主体功能区战略在市县层面精准落地和限制开发区域强区富民的创新探索，是生态经济技术、制度的全面革新，是一种新的发展模式；这一过程可以打造东部地区生态产品供给的重要保障区域，实现生态经济和百姓富裕"双赢"，是一种新的发展成果。[①]

（二）基本原则

1. 正确处理人与自然的关系

承认自然的客观存在，这是正确处理人与自然关系的基础和前提。因此，要尊重自然与自然规律，利用自然，也要保护自然，反对不顾后果、只顾GDP 的短视经济行为；要坚持发展的观点，一切事物总是在不断发展变化之中，在利用自然、改造自然的同时，自觉改造主观世界，深化对自然规律的认识，牢固树立环保意识；要坚持适度原则，量变达到一定程度必然会引起质变，过度开发和利用自然资源终将危及人类自身的生存，影响可持续发展。经济发展的根本目的是提升民众生活水平，而持续改善生态环境质量是增强民众获得感、幸福感的必备要素，二者殊途同归。要建立人与自然和谐共生的伙伴关系，牢固树立"人是自然的一部分"的思想。人类社会的经济发展必须遵循生态经济规律，运用现代科技积极作用于大自然，合理开发利用自然资源，在维护生态平衡、改善生态环境的前提下，不断提高生态系统的综合生产力水平，确保经济持续健康发展、社会和谐稳定。

2. 正确处理生态效益与经济效益的关系

要正确处理好经济发展同生态环境保护的关系，牢固树立保护生态环境就是保护生产力、改善生态环境就是发展生产力的理念，更加自觉地推动绿色发展、循环发展、低碳发展，决不以牺牲环境为代价去换取一时的经济增

---

① 陈雯：《生态经济：自然和经济双赢的新发展模式》，《长江流域资源与环境》2018 年第 1 期。

长，决不走"先污染后治理"的路子。[①] 人类的工农业生产过程依赖于一定的自然环境，客观上要求生产过程必须兼顾生态效益，在改善生态环境和确保生态效益的基础上，提高经济效益。"像保护眼睛一样保护生态环境，像对待生命一样对待生态环境。"当前，绿水青山已然成为经济社会持续健康发展的支撑点。要坚持生态优先、推动绿色发展，实现生态效益与经济效益"双赢"。

3. 正确处理生态经济效益与社会效益的关系

生态效益、经济效益和社会效益是辩证统一的，三者互为条件、相互影响。生态效益是经济效益的基础，经济效益是生态效益的表现，社会效益又是生态效益和经济效益的目标。换言之，在可持续发展过程中，生态效益是基础，经济效益是桥梁，社会效益是目标。发展生产的最终目标是生态效益、经济效益和社会效益的同步提高、协调发展。[②] 要整合资源，统筹兼顾生态、经济和社会"三大效益"，真正将资源优势转化为发展优势。

（三）实践路径

20世纪90年代，可持续发展战略的实施成为新潮流，生态经济进入快速增长期，生态产业成为全球经济增长中最具有潜力的"朝阳产业"之一，迅速渗透到一、二、三产业的各个领域。我国生态经济模式建立的基本思路是：实现生态系统与经济系统、开发方式的对接，提高生态经济的总量与质量，发展特色生态农业经济，构建生态工业经济体系，建立生态化的第三产业。[③]

1. 推行循环经济，发展生态农业

所谓循环经济，就是按照生态规律利用自然资源和环境容量，把清洁生产和废弃物的综合利用融为一体的经济。循环经济本质上是一种生态经济，它要求运用生态学规律来指导人类社会的经济活动，建立一个"资源—产品—再生资源"的物质反复循环流动的过程，从而建立起物质循环利用、能量有序流动的经济发展模式。[④] 生态农业正是按照循环经济原理建立起来的，其目标就是在促进物质良性循环的前提下，充分发挥资源的生产潜力，竭力

---

① 中共中央文献研究室：《习近平关于社会主义生态文明建设论述摘编》，中央文献出版社2017年版。

② 陈光磊：《论可持续发展生态经济模式的构建》，《中国市场》2007年第13期。

③ 任保平、白永秀：《我国生态经济模式建立的基本思路》，《贵州财经学院学报》2004年第6期。

④ 曲格平：《发展循环经济是21世纪的大趋势》，《中国环保产业》2001年第7期。

降低环境的污染强度，实现经济效益与生态效益的同步发展。同时，生态农业主要应用生态工程技术、优良的传统农作技术，对农业生态系统的不同层次进行设计和管理，并辅以相应的配套技术，运用系统工程的最优化方法，提出分层多级利用资源的生态工艺系统。目前，国内外生态农业的主要技术有：立体种植与立体养殖技术、有机物多层利用技术、生物防治技术、再生能源开发技术（如沼气发酵、太阳能、风能、地热能、电磁能的利用）、生物措施与工程措施配合的生态治理技术等。[①]

2. 优化产业结构，发展生态工业

随着人类社会的发展和科学技术的进步，城市化进程逐步加快，城市经济活动以工业为主。人们在享受着城市发展给自己带来便利的同时，也面临着工业化、城市化过程中产生的严重的生态环境问题。其中，传统工业的"三废"排放是导致目前生态系统服务功能弱化的主要原因之一。因此，优化资源配置，调整产业结构，构建生态工业体系是打造可持续生态经济模式的重要任务。具体路径为结合区域要素禀赋条件，建立生态工业园区，改造提升传统产业，着力发展节能环保工业，大力推进工业废料废渣的循环利用等。

3. 推行绿色消费，发展绿色产业

绿色消费是指既满足人的生存需求，又满足环境保护要求的一种消费方式。"十二五"规划《纲要》对绿色消费模式做了专章阐述，主要内容是："倡导文明、节约、绿色、低碳消费理念，推动形成与我国国情相适应的绿色生活方式和消费模式。鼓励消费者购买使用节能节水产品、节能环保型汽车和节能省地型住宅，减少使用一次性用品，限制过度包装，抑制不合理消费。推行政府绿色采购。"发展绿色产业，是一项伟大的实践，是一场长期而艰巨的任务，关系到经济结构转型的速度和未来新技术产业提升的层次。在我国，绿色产业主要指促进绿色生产和发展绿色食品的行动，通过自主创新和技术进步，健全激励与约束机制，发展和壮大那些能够有助于减少负面环境影响、提供环境友好产品、服务和设备的产业，使得绿色产业发展对经济增长、就业创业的贡献不断提高。具体来说，绿色产业包括新能源产业、节能环保产业等战略性新兴产业、绿色农业、现代服务业。

---

① 孙濡泳等：《基础生物学》，高等教育出版社2002年版。

三 在生态治理中的应用

经济发展对环境质量具有决定性影响，加快转变经济发展方式，才能大幅度降低经济发展对生态环境的负面影响。大力发展生态经济作为一项重大国策已上升为国家战略。这就需要在生态治理中，因地制宜，构建可持续发展生态经济模式，并充分发挥区域的资源优势、地域特色和经济类型，大力发展区域特色产业经济。也需要加强对污染企业的治理，淘汰落后产能，促进节能减排；在项目引进中严把环境关，大力发展低污染、高科技含量的项目，促进产业结构优化升级；合理利用生态资源，避免破坏生态环境，并预留未来发展空间。

我国西北地区属于典型的干旱、半干旱气候区，生态环境非常脆弱。该地区生态治理必须考虑区域自然环境条件（如气候、地貌、水文、土壤和植被等）和社会经济发展状况。中国西北地区作为全球生态治理的关键区之一，如何提高该地区生态系统服务能力是生态治理的关键。因此，构建西北地区生态经济模式的基本思路，可参考如下：

（一）分类规划，进行生态环境的综合治理

在我国，生态系统与经济系统的对接必须从地区的经济发展实际和要素禀赋结构出发，分类规划、科学布局，综合治理我国生态环境。在北方荒漠化严重的地区，处理好林畜、人草畜矛盾，促进北方畜牧业由传统畜牧业向生态草牧业转变。根据"生态草牧业试验区"建设的实践，其核心理念是采取人工草地与天然草地1∶9进行配置，即利用不多于10%水热条件良好的土地建立集约化人工草地，使优质饲草产量提高10倍以上；将剩下的90%以上的天然草地进行保护、恢复和适度利用，提升其生态屏障和景观旅游功能，实现生产和生态功能的双赢。① 在我国北方山区，农业基础十分薄弱，生态环境极其脆弱，长期掠夺式生产造成资源明显衰退，导致农业持续发展后劲不足。为确保农业经济的可持续发展，"必须从农业受自然生态规律与社会规律双重制约的客观实际出发，注重农业发展的经济目标、生态目标与

---

① 方精云、景海春、张文浩等：《论草牧业的理论体系及其实践》，《科学通报》2018 年第 17 期。

社会目标的吻合，建立起结构有序、功能最佳、良性循环的农业生态经济系统"①。对于水土流失严重地区的生态治理，要紧紧围绕不同区域地质、气候、土壤等自然特点，因地制宜，合理布局，按照客观规律和自然规律相结合的思路，进行科学的综合治理。在治理措施上，实行生态措施与工程措施并举，以生态措施为主；在治理方式上，以大规模整治与小群体治理相结合。对于自然条件相近的水土流失治理区，要打破县、乡、村的行政区划界线，统一规划、统一标准、统一实施，建设大规模的生态屏障，并实行严格的管理。对于地点分散、地貌差异大、不宜统一进行整治的地区，也要合理规划，动员群众建设散而有效、小而有利的小型治理项目，从改善小气候，整治小流域做起，加强小流域生态环境的综合治理。对于城镇区域，要根据当前的人口、工业和经济发展趋势，进行综合性、全方位的国土规划，包括工业企业布局、污染治理布局等，以达到经济效益、社会效益和生态效益的统一。②在产业政策、生态治理上，要加强跨行政区域合作，在区域一体化的基础上发展生态经济。

（二）积极发展生态型种植业和环保型工业

在经济欠发达地区的农业生产中，要积极发展生态型种植业。我国经济欠发达地区，往往也是荒漠化和水土流失多发的地区，虽然生态环境建设是这些地区长远发展的根本所在，但是其建设周期长、见效慢、经济效益低，短期会影响经济发展和人民生活。因此，加强这些地区生态环境建设，既要处理好经济效益与生态效益的关系，又要处理好当前利益与长远利益的关系。具体要做好六个方面的工作：一是在荒漠化地区种植经济林木、草料，使生态效益与经济效益相结合，提高资源利用率；在水土流失区，以植树种草、"退耕还林还草"工程和"天然林保护工程"为重点，尤其加强对现有天然林和草场的保护管理。这是改善生态环境最经济、最快捷的办法和最重要的工作。二是发展高效生态农业。以退耕还林为契机，大力调整经济结构，因地制宜培植新的经济支撑点和收入增长源。加强农业科技推广与应用，增加

---

① 王洪凯：《我国北方山区农业生态经济与可持续发展》，《中国人口·资源与环境》2001年第S1期。

② 任保平、白永秀：《我国生态经济模式建立的基本思路》，《贵州财经学院学报》2004年第6期。

科技含量，实现由传统种植业向生态型种植业转变。三是加强农田基本建设。特别是 25 度以下的坡改梯和中低产田的改造，并提高单产量和复种指数。四是实施生态移民工程。对退耕还林还草后失去基本生存条件的农民实施移民搬迁。五是加强政策扶持。积极推广沼气、天然气等燃料，减少林木的消耗，以可再生能源替代山区对森林资源的依赖。六是对工业生产进行生态设计，用生态工艺代替传统工艺。所谓生态工艺，指的是把大自然的法则应用于社会物质生产，模拟生物圈物质运动过程，设计无废料的生产，以闭路循环的形式，实现资源充分合理的利用，使生产过程保持生态学上的洁净。工艺生态化的目标是整体最优化，而不是分系统最优化，要以工艺生态化为出发点，大力发展环保型工业，实现经济效益与生态效益双赢。①

（三）大力发展绿色经济

中国工业化速度与其资源环境承载力不平衡，绿色经济发展不充分。中国十多亿人口的快速工业化进程，给资源环境的承载提出了极大的挑战。虽然 2002 年以来中国就一直坚持走环境友好型的新型工业化道路，但是客观上资源环境仍然难以承受如此快速的大国工业化进程，生态破坏、环境污染和资源约束等问题依然突出。为了解决快速的大国工业化进程带来的生态环境资源问题，必须践行绿色发展理念，大力发展绿色经济。绿色经济强调从社会及其生态条件出发，将环保技术、清洁生产工艺等转化为现实生产力，是一种可持续发展的生态经济模式。② 随着我国经济发展进入新时代，人民群众对优美生态环境的迫切需求日益增长，正确处理绿水青山与金山银山的关系、将"绿色经济"转化为经济高质量发展的源动力，是实现高质量发展的关键。要按照绿色低碳循环发展要求改造传统产业、淘汰落后产能，提升企业技术和管理水平，减少污染排放。着力在相关产业、企业之间建立循环经济生态链，减少废弃物产生，提高产业发展质量和效益，努力实现健康可持续发展。建设龙头型项目、基地型项目，带动相关企业集聚，促进产业集群发展，实现企业间生产联动、园区内资源共享、园区间优势互补，形成产业链耦合共生、资源能源高效利用的循环体系，实现废弃物到资源的再生利用，使生态

---

① 任保平、白永秀：《我国生态经济模式建立的基本思路》，《贵州财经学院学报》2004 年第 6 期。
② 黄群慧：《改革开放 40 年中国的产业发展与工业化进程》，《中国工业经济》2018 年第 9 期。

效益、经济效益和社会效益全面彰显。① 要建设生态市场，走经济生态化和生态经济化的高质量发展之路。各级政府要积极探索发展生态经济的新路子，把生态产业和低碳产业作为新的技术制高点和经济增长点，形成节约能源资源和保护生态环境的产业结构和增长方式。②

（四）推进生态治理市场化

长期以来，我国习惯于通过强化政府责任来实现某种特定的社会目标。但是受到长期计划体制的约束，各级政府仅仅将生态治理当作一项政治任务来完成，而没有将其作为可以市场化的产业来打造，单靠政府力量难以有效推动生态治理的实施。我国《宪法》规定，"矿藏、水流、森林、山岭、草原、荒地、滩涂等自然资源，都属于国家所有，即全民所有；由法律规定属于集体所有的森林和山岭、草原、荒地、滩涂除外"。在这样的法律框架下，生态治理市场化必然是在保留资源所有权的前提下，将自然资源的使用权、收益权等通过市场方式有效配置；同时，国家通过向使用权主体补偿自然资源外溢的环境利益，形成良好的生态治理激励机制。生态治理市场化作为维护和增进环境公益的一种手段，政府担负着义不容辞的责任；并且，生态治理市场的形成与发展还依靠政府对自然资源利益进行重新整合、分配来实现。因此，为了克服市场缺陷，提高效率，促进公平，政府必须引导生态治理市场规范发展。③

第二节　环境善治模式

一　时代背景

随着《我们共同的未来》的出版，环境善治（Good environmental governance）逐渐被人们所知晓。1992 年，里约热内卢地球峰会通过了《21 世纪议程》，并正式采纳了这个理念。《里约环境与发展宣言》还明确声明：环境问

---

① 陈静：《推动绿色经济高质量发展》，《人民日报》2019 年 5 月 23 日第 9 版。

② 周彦科、周博文、陈桂生：《探索生态文明建设的多元路径》，《光明日报》2014 年 1 月 26 日第 7 版。

③ 李丹：《生态治理市场化管理机制探讨》，《中国环保产业》2003 年第 11 期。

题最好是在全体有关市民的参与下，在有关级别上加以处理。在国家一级，每一个人都应能适当地获得公共当局所持有的关于环境的资料，包括关于在其社区内的危险物质和活动的资料，并应有机会参与各项决策进程。各国应通过广泛提供资料来便利及鼓励公众的认识和参与。应让人人都能有效地使用司法和行政程序，包括补偿和补救程序。① 事实上，这些都包含了国际社会公认的环境善治理念，标志着环境善治在全球范围内的兴起。随后，环境善治理念开始在各个国家乃至世界范围内的相关条款、政策以及许多治理机制中体现出来。例如，《奥胡斯公约》是国际上首个专门规定公众的知情权、参与权和诉诸司法权的公约，对世界各国特别是欧美国家的公众参与环境立法产生了极其深远的影响。还有学者指出，公民社会也要承担环境治理的责任，要对决策的公平性负责，也要参与到环境治理的实践中。2002 年，可持续发展世界首脑会议通过了《可持续发展世界首脑会议实施计划》，强调促进政府、市场（私有经济部门）和公民社会之间形成良性互动的关系，即公私合作伙伴关系（Public - Private Partnership，PPP），推进环境善治进程。PPP 模式对推进全球环境治理、提高环境绩效发挥了积极的作用，它标志着环境善治日益走向成熟。②

21 世纪最具影响和权威的全球评估项目——联合国千年生态系统评估（Millennium Ecosystem Assessment，MA）指出，由于世界各国经济发展模式的误区，人类对生态系统服务需求的增加与资源环境承载能力的降低之间产生了尖锐的冲突。对生态系统进行不合理的利用和超强度的开发，导致生态系统服务功能不断下降，生态福祉不断降低。在我国，生态现实不容乐观：自然资本价值大量缩减，大气、水、土壤大面积污染，自然灾害频频发生，这不仅显示出环境保护与经济发展关系的不协调，还折射出生态治理方式与经济发展模式的不统一。此外，不稳定的生态秩序对政府生态治理能力、方式提出了挑战，迫切需要政府在公共权力、市场机制和社会公众之间，寻求新的治理平衡点。③

① 《里约环境与发展宣言》，《环境保护》1992 年第 8 期。
② 林美萍：《环境善治：我国环境治理的目标》，《重庆工商大学学报》（社会科学版）2010 年第 2 期。
③ 李姣：《环境善治：面向公共生态福祉的政府选择》，《光明日报》2014 年 10 月 21 日第 7 版。

二　主要内容

(一)　核心内涵

目前，没有一个统一的环境善治概念，学者们较少对环境善治给出精确的定义。我国著名学者朱留财对环境善治进行了较深入的研究，他指出：环境治理是指在对自然资源和生态环境的利用中，环境福祉的利益相关者在宏观和微观层面上，由谁进行环境决策，如何进行环境决策，怎样行使权利并承担相应的责任，进而达到一定的环境绩效、经济绩效和社会绩效，并力求实现绩效最大化和可持续发展的过程。环境善治则是指政府部门、企业部门和公民社会部门（Civil Society Sector）根据一定的治理原则和机制进行更好的环境决策，力求环境绩效、经济绩效和社会绩效最大化和可持续发展，公平和持续地满足生态系统和人类的目标要求。[①] 概言之，环境善治应是指良好的环境治理，是指政府与公民对环境的合作管理，使生态环境利益最大化的治理过程，是政府与公民社会致力于实现人与自然和谐共生和可持续发展而形成的一种新型关系。其实质为一种多中心的环境治理，强调环境治理主体不仅仅只有政府，还应该包括市场和公民社会，而且要发挥他们的积极作用，共同治理环境。[②] 在环境善治中，各主体地位平等、力量均衡、互为补充。只有实现环境善治目标，才能够促进社会可持续发展，才能够形成人与自然和谐发展新格局。

全球治理委员会指出，环境善治是各种公共或私人机构与个体采取联合行动来管理环境公共事务的方式，是以协调、信任、合作和互惠关系为基础的、推进生态文明建设的动态过程。环境善治旨在整合各种环境治理主体的力量，建立协同关系，明确责任边界，实现治理赋权，并通过激发各类主体的积极性，实施一系列政府主导、多元主体参与，增进生态环境福祉的治理模式与行动策略。可见，环境善治模式有别于传统的政府干预型和管制型治理模式。环境管制型模式消除了治理主体的自主性与能动性，采取消极的

[①]　朱留财：《应对气候变化：环境善治与和谐治理》，《环境保护》2007 年第 11 期。
[②]　林美萍：《环境善治：我国环境治理的目标》，《重庆工商大学学报》（社会科学版）2010 年第 2 期。

环境行动；而环境善治模式能促进多元主体互动合作：大到政府与非政府的合作，小到公共机构与私人机构、基层社区之间的合作，实现环境治理中多层次、多主体的全面合作。较之环境管制，环境善治的包容性更强，其力量来源于政府权威、市场利益、公共利益以及群体力量的通力合作。环境善治将治理行动的权利与义务赋予一切潜在的治理主体，从而激发或增强各主体的治理动机。在环境善治中，政府既不是简单退出，也不是放任自流，而是重新界定自身及政策的干预边界来积极创造健康、有效的公共环境管理状态。①

（二）衡量标准②

1. 合法性与法治性

环境善治的合法性是指公民对政府制定的环境政策、采取的治理行为的认可、支持和服从。这就要求在环境治理过程中，积极地协调好治理主体之间的关系，促使各个主体形成良好的合作伙伴关系，共同治理环境，进而使公民最大限度地支持环境治理活动。合法性越大，就越接近环境善治的目标。环境善治的法治性就是界定环境治理主体的权利，增强公众对环境治理的认同感。法治性使得环境治理主体的义务和责任明确化，如果某个主体没有履行本应履行的义务或者履行不到位，该主体就应该承担法律责任、受到法律制裁。法治性是环境善治的基本要求。如果一个社会没有一套健全的法制体系，没有一种良好的法治秩序，那么法律就得不到充分的尊重，环境善治就无从谈起。

2. 透明性与公众参与

环境善治的透明性是指有关机构公开环境决策的程序方法、生态环境状况、环境治理财政、环境法律条款等信息，让公民能够从这些机构顺畅地获取到相关的环境信息。唯有如此，公民才能根据自己的立场和观点做出是否认同、参与或执行环境治理决策的判断，公民参与环境治理的积极性和主动性才能提高。因此，透明性越高，环境善治程度就越高。公众参与是指公众

---

① 李竞：《环境善治：面向公共生态福祉的政府选择》，《光明日报》2014年10月21日第7版。
② 林美萍：《环境善治：我国环境治理的目标》，《重庆工商大学学报》（社会科学版）2010年第2期。

对涉及公共利益、自身利益的环境政策和环保活动的参与。环境善治是一种成熟的、健康的公民社会状态，在这种状态下，公民的环保意识极强，能够积极地参与到环境治理决策过程中，使得环境决策符合公众的要求，代表公众的利益；能够积极地参与到环境治理活动中，使得环境治理过程得到有效的监督。

3. 责任性与有效性

环境善治的责任性是指环境治理主体要对公众及利益相关者负责，要对自己的行为负责。如果环境治理主体能够正确地履行自己的义务，承担应有的责任，那么与环境善治目标就近了一步。它包括政府对公众的回应性和自身的廉洁性。其中，回应性是指公职人员及管理机构具有对公众及相关利益群体负责的义务，即有责任对公众提出的环境要求、反映的环境意见和建议及时做出回应，并采取措施满足公众合理化的需求；有义务定期向公众解释相关的环境政策、向他们征询环境治理方面的意见、向他们解答环境治理方面的问题。廉洁性主要是指政府官员要以人民利益为重，而不谋求个人私益，做到清明廉洁、奉公守法、不以权谋私。环境善治的有效性是指环境治理的效率，也就是用最少的治理成本获得最大的治理效果，它与无效、低效的治理活动格格不入。因此，环境善治的有效性越高，环境善治程度就越高。

4. 稳定性与公正性

稳定性意味着整个社会处于一种民主法治、公平正义、诚信友善、充满活力、安定有序、人与自然和谐的状态，它包含了自然生态系统的和谐稳定。这种稳定对于公众环境治理的基本权利、对于社会经济的健康发展具有重要意义，是实现环境善治公正性的有力保障。环境善治的公正性是指环境治理机构和组织在处理环境公共事务的过程中，做到平等对待不同的对象，不偏颇于任何人、任何地区，实现公平、公正。如：环境法律法规的执行对于每个人都是公平公正的，对于对环境造成损害的任何组织或个人，都应该承担法律后果、受到法律制裁。

衡量一个社会是否实现了环境善治目标，可以上述四项指标作为衡量标准。越接近这几项衡量标准，环境治理水平就越接近环境善治状态。

（三）价值导向

环境善治的价值取向是公共生态福祉，其根本目的是提升人类公共生态福祉。环境善治意在促进政府主导下的多元组织和不同个体的自愿结合，以实现环境公共利益最大化。环境善治始于对公共性价值的把握。一个社会的公共生态福祉反映了制度和个人共同创造的文明、健康、繁盛的生产生活状态，代表了全体成员共享的生态幸福，具有普遍性。为实现环境公共事务的良好治理，需要政府从公共生态福祉出发，权衡并选择环境善治的价值导向，以此作为环境行动的前提条件。这是因为政府环境治理的价值取向、干预模式与行动边界，决定着市场、社会组织和个人在资源开发利用和环境恢复治理过程中的行为动机和行动策略。环境善治力图超越不同主体之间的利益冲突，防止不同主体通过环境管制获取环境利益，因而它以普遍性和共享性为出发点，以公平和公正为基本原则，以促进公众共享的善为根本导向，并将其作为协调不同主体利益的根本原则。环境善治是公共性的集体行动，需要建立稳定的规则系统，包括三个逐级向上的层次：实践操作规则→集体行动选择规则→法律普遍原则，涵盖了环境主体、环境行为和环境原则的方方面面。建立环境善治的规则系统，有利于提高社会主体遵循公共规则开展环境综合整治行动的稳定性。环境善治强调社会主体对于环境治理的普遍义务和普遍权利，强调环境行政行为的正当性。在普遍性价值和公共规则的规导下，只有环境治理绩效可预期，不同治理主体才能够采取信任、合作、有担当的环境善治行动，最终才能够形成环境治理的良性循环。[①] 因此，要遵循环境善治的价值导向，形成利益共同体、命运共同体和价值共同体所组成的生态治理联盟，推进生态治理体系和治理能力现代化。

三　在生态治理中的应用

生态治理是一种通过善政走向善治的治理。善治就是使公共利益最大化的社会管理过程和管理活动，其本质特征是政府与公民对公共生活的合作管理，是政治国家与公民社会的一种新型关系。善治的基本要素有以下 10 个：合法性、法治、透明性、责任性、回应、有效、参与、稳定、廉洁、公正等。虽然经济全球化对传统的政治模式和公共管理确实已经产生了巨大的冲击，但是在人类政治发展的今天和我们可以预见的将来，国家及其政府仍然是最

---

① 李姣：《环境善治：面向公共生态福祉的政府选择》，《光明日报》2014 年 10 月 21 日第 7 版。

重要的政治权力主体。在现实的政治发展中，政府仍然是社会前进的火车头，政府仍然对实现社会善治起着决定性的作用。一言以蔽之，善政是通向善治的关键；欲达到善治，必先实现善政。抽象地说，善政一般包括以下几个要素：严明的法度、清廉的官员、很高的行政效率、良好的行政服务。生态治理是全球化语境下善政与善治的新体现，是个体、社会组织与政府之间的多向互动。它追求一种更现代意义上的社会公正，其前提和基础是作为社会资本的公民社会。生态治理是一种多元治理，强调公民参与、对话、协商、共识与公共利益。它以民主为基础，民主是生态治理的前提。生态文明建设必须与民主结合起来，生态文明呼唤一种新的知识语境与话语体系。它兼收并蓄了社会主义的公正与公平原则，在社会公正的基础上寻求社会效率，使公正与效率达到一种动态的和谐。①

虽然政府依然是环境善治中的管理主体，但是要转变环境治理方式和治理模式，采取政府、企业和公众三方互动方式，建立三方合作与制衡关系。具体而言，就是要明确现代政府的环境责任；梳理和有效界定包括民众、企业在内的社会各方的环境权益；善用市场和价格信号，促进环境和自然资源公平有效配置；政府应以最小成本来合理规划环境管理战略；体现保护者获益和受益者支付原则。②

第三节　第三方治理模式

一　时代背景

原有的"谁污染、谁治理"的政府主导、企业自觉的治污模式，在日益复杂的环境问题面前显得乏力。环境污染第三方治理作为吸引社会有效投资的重要途径，已获得了中央政府的认可。这一模式是国内环保产业一直在探寻的重要商业变革模式，也被称为合同环境服务模式。目前，我国治污主体

---

① 陈家刚：《生态文明与生态治理的路径选择》，中国网，2007年12月11日。
② 《我们需要什么样的环境善治?》，中国环境网，https://www.cenews.com.cn/pthy/rdjj1/201406/t20140603_775255.html，2014年6月3日。

是产生污染的企业，以及保障公共服务的地方政府，这就导致治污力量非常分散。比如，在传统治理模式下印染企业集聚的地方，每家企业都需要投资污水处理设备，并负责日常运营；而一家专业环保企业就完全可以治理这些企业产生的废水，这就是环境污染第三方治理模式的雏形。①

党的十八届三中全会通过的《中共中央关于全面深化改革若干重大问题的决定》明确提出，"建立吸引社会资本投入生态环境保护的市场化机制，推行环境污染第三方治理"。这既是环境管理制度的重大创新，也是发展环保产业的重大举措，更是当前推进治污模式转变的重要切入点。其背后的政策选择与价值判断是要求环境污染治理的理念与路径从管制模式向互动模式转变。在管制模式下，以行政赋权、"命令—服从"为特征的环境污染防治制度的内在逻辑体现为，制度目标以环境行政管理为主线，制度类型以"命令—服从"为重心，导致了环保目标悬置与制度异化、环境运动式执法以及执法者与污染者合谋规避法律等诸多弊病。这一制度现状亟待一种新的治理理念进行矫正。我国新修订的《环境保护法》提出的"损害担责"原则为环境污染第三方治理提供了法律依据，环境代执行制度已初具环境污染第三方治理制度的雏形，应当从污染防治市场制度的体系化、环境代执行制度的改进、设立清洁水和清洁空气基金和引入环境污染治理等几方面构建体系完整的环境污染第三方治理制度。污染者必须承担环境治理的费用，至于具体的治理主体则不做限定，这为环境污染第三方治理提供了制度依据和制度空间。②

环境污染第三方治理是现代企业发展和生态环境改善的大势所趋。只有科学合理的顶层制度设计，配套法律法规的紧紧跟进，才能实现环境保护社会效益和经济效益的双赢。一方面，政府需要在严格监管上下功夫，要让企业意识到超标排污的违法成本远远高于积极治污的守法成本，从而提升其治污需求与动力，这是环境污染第三方治理的市场基础。另一方面，要推进法治理念更新，现有法律要认可环保服务民事合同有关责任转移的合法性、有效性。同时与时俱进弥补政策、法律空白，变"谁污染、谁治理"为"谁治理、谁负责"，依法明确责任承担主体。另外，针对第三方治理面临的环保企

---

① 《国务院力推环境污染第三方治理　变革加速环保需求释放》，中国证券网，2014 年 10 月 28 日。
② 刘超：《管制、互动与环境污染第三方治理》，《中国人口·资源与环境》2015 年第 2 期。

业融资、税收障碍，可设立国家环保基金，给企业治污提供贷款，并减免增值税等，使第三方治理机制更趋完善、更具操作性。而针对第三方治理中市场低价恶性竞争导致的环境损害，相关制度设计也必须紧紧跟上。

此外，针对政府、排污企业和环境服务企业权责利不清，市场配置资源的决定性作用远未发挥出来，环境污染治理的价格体系尚未形成，环境监管和服务体系有待完善，农村环境污染专业化治理较少介入等问题①和形势，推行环境污染第三方治理具有重要意义。环境污染第三方治理还有利于排污企业治污效率的提高、有利于环保部门的监管、有利于环保产业的快速发展。

二　主要内容

（一）核心内涵

环境污染第三方治理是"排污者通过缴纳或按合同约定支付费用，委托环境服务公司进行污染治理的新模式"。在该模式下，环境污染治理责任从环境污染企业和公共部门转移到专业的污染治理企业。治污专业化、规模化运营，有助于提高污染治理效率，推动环保产业快速发展，同时便于环保部门监管。目前，环境污染第三方治理模式主要包括委托经营、特许经营和PPP（政府和社会资本合作）等。②

也有研究认为，环境污染第三方治理是以污染治理"市场化、专业化、产业化"为导向，是提升我国环境治理水平和推动环保产业发展的结合点，是吸引社会资本投入环境治理的有效措施。所谓环境污染第三方治理，即由排污者与专业环境服务公司签订合同协议，通过付费购买污染减排服务，以实现达标排放的目的。相对于政府主导、企业自觉的传统治污模式，环境污染第三方治理模式是以第三方治理为突破口，把市场机制引入环境污染治理，推行治污集约化、产权多元化、运行市场化。把排污者的污染治理委托给专业的环境服务公司，其优势明显：降低政府投入成本，提高企业达标排放率；便于环保部门集中监管，降低执法成本；降低工业企业达标排放成本，大幅

---

① 葛察忠、程翠云、董战峰：《环境污染第三方治理问题及发展思路探析》，《环境保护》2014年第20期。
② 蒋文武：《环境污染第三方治理》，《中国社会科学报》2017年12月6日第4版。

提高治污效果，改善环境，促进环保企业和产业发展。①

还有研究认为，环境污染第三方治理，是指排污企业或政府以签订合同的方式将污染物交给环境服务市场主体（即第三方环保公司）治理，具体服务内容包括城市生活污水、工业园区污水、生活垃圾、餐厨垃圾、工业固废、畜禽养殖污染等的处理，以及环境监测、流域水污染治理等。与之类似的概念，如政府购买环境服务、合同环境服务（或管理）、循环经济专业化服务机制，均可包含在环境污染第三方治理范畴里。②

综上所述，环境污染第三方治理不仅是治理方式的更新，还是对现行污染防治管制模式的反思与超越，更是对污染防治互动模式的兼顾与并重。这就需要在污染防治中引入市场机制、重视排污者的利益诉求、赋予被规制对象有选择环境责任承担方式的权利以发挥其主动性，需要对环境污染治理进行制度创新以广泛吸纳社会主体参与环境污染防治。当然，推行环境污染第三方治理并不是否定既有环境监管制度在环境污染防治中的功能，环保部门更不能以此为借口逃避环境污染防治责任。

（二）政策文件

2013 年 11 月，党的十八届三中全会做出的《中共中央关于全面深化改革若干重大问题的决定》明确指出：发展环保市场，推行节能量、碳排放权、排污权、水权交易制度，建立吸引社会资本投入生态环境保护的市场化机制，推行环境污染第三方治理。③

2014 年 4 月，国务院转发国家发改委《2014 年深化经济体制改革重点任务意见》，提出推行环境污染第三方治理。

2014 年 11 月，国务院印发《关于创新重点领域投融资机制鼓励社会投资的指导意见》，提出推动环境污染治理市场化。

2014 年 12 月，国务院办公厅《关于推行环境污染第三方治理的意见》（国办发〔2014〕69 号）明确了环境污染第三方治理是污染治理的一种新模

① 葛察忠、程翠云、董战峰：《环境污染第三方治理问题及发展思路探析》，《环境保护》2014 年第 20 期。
② 谢海燕：《环境污染第三方治理实践及建议》，《宏观经济管理》2014 年第 12 期。
③ 赵凡：《盘点：环境污染第三方治理政策一览》，中国水网，http://www.h2o-china.com/news/244190.html，2016 年 8 月 5 日。

式，即由"谁污染，谁治理"转变为"谁污染，谁付费"；提出健全第三方治理市场体系，不断提升我国污染治理水平。

2015 年 3 月，政府工作报告明确指出，要推行环境污染第三方治理。

2015 年 4 月，《水污染防治行动计划》提出，以污水、垃圾处理和工业园区为重点，推行环境污染第三方治理。

2015 年 9 月，《关于开展环境污染第三方治理试点示范工作的通知》提出，在全国环境公用基础设施、工业园区和重点企业污染治理两大领域启动第三方治理试点示范工作。

2015 年 12 月 31 日，国家发改委、环境保护部、国家能源局联合发布《关于在燃煤电厂推行环境污染第三方治理的指导意见》（以下简称《意见》）。《意见》指出，燃煤电厂环境污染第三方治理的目标是，到 2020 年服务范围进一步扩大，将由现有的二氧化硫、氮氧化物治理领域全面扩大至废气、废水、固废等环境污染治理领域。

2017 年，环境保护部发布了《关于推进环境污染第三方治理的实施意见》（以下简称《实施意见》）。《实施意见》主要围绕加快实施大气、水、土壤污染防治行动计划，实现环境质量改善，以环境污染治理"市场化、专业化、产业化"为导向，推动建立排污者付费、第三方治理与排污许可证制度有机结合的污染治理新机制的总体思路和目标制订。针对环境污染第三方治理推行过程中，污染治理责任不明晰的问题，《实施意见》明确界定了污染治理责任，指出排污者承担污染治理主体责任，第三方治理单位按有关法律法规和标准以及排污单位的委托要求，承担相应的法律责任和合同约定的污染治理责任。第三方治理单位在有关环境服务活动中弄虚作假，对造成的环境污染和生态破坏负有责任的，除依照有关法律法规予以处罚外，造成环境污染和生态破坏的其他责任者还应当承担连带责任。另外，针对情况比较特殊的环境污染治理公共设施和工业园区污染治理领域，《实施意见》特别提出，政府作为第三方治理委托方时，因排污单位违反相关法律或合同规定导致环境污染，政府可依据相关法律或合同规定向排污单位追责。为解决第三方治理行业不规范的问题，《实施意见》提出了加强监管执法和鼓励第三方治理信息公开，构建第三方治理信息平台，鼓励第三方治理单位在平台公开相关污染治理信息，各级环境保护部门可依法依规公布治理效果不达标、技术服务能力弱、运营管理水平低、综合信用差的第三方治理单位名单。为使第三方治理模式较好落地，要创新第三方治理机制和实施方式，在京津冀、长三角及珠三角等重点区域探索实施限期第三方治理以及效益共享型环境绩效合同服务模式，鼓励第三方治理单位提供环境综合服务。以工业园区等工业集聚区为突破口，鼓励引入第三方治理单位，对区内企业污水、固体废弃物等进行一体化集中治理，并支持第三方治理单位参与排污权交易，以多种形式实践第三方治理模式。针对目前政策不完善，对第三方治理缺乏有效支持的问题，《实施意见》提出要加强政策支持和引导，鼓励绿色金融创新，探索引入第三方支付机制，依法依规在环境高风险领域建立环境污染强制责任保险。以大气、水、土壤污染防治领域为重点，积极开展第三方治理试点示范。有针对性地建立第三方治理试点项目储备库，编制发布第三方治理典型案例目录，帮助和引导排污企业开展第三方治理工作，并及时推广成熟经验及做法。第三方治理在提高污染治理效率、降低污染治理成本、促进环保产业健康发展及推动环境质量改善方面的优势已逐步显现。《实施意见》的编制发布是环境保护部（现生态环境部）结合我国环保工作实际，顺应发展趋势，推动我国环境管理制度创新和改革的重要举措，对改善环境质量具有重要意义。①

（三）制度框架②

环境污染第三方治理是互动模式的典型体现，其贯彻的污染治理理念包括：在制度类型上，污染治理不再单纯采用由行政权力主导的一元模式，而是注重多方主体的积极参与；在制度特征上，不再是单纯的"命令—服从"模式，而是兼顾自我治理以及政府与社会的互动模式；在制度价值上，基于环境资源的公共性和污染治理利益的牵连性，不能再在制度设计中遮蔽被规制对象的利益诉求、忽视规制对象（污染企业）积极性的发挥。由此，环境污染第三方治理的制度框架应至少包括以下几个方面：

① 《关于推进环境污染第三方治理的实施意见》，生态环境部网站，2017年9月2日。
② 刘超：《管制、互动与环境污染第三方治理》，《中国人口·资源与环境》2015年第2期。

1. 构建污染防治市场制度体系

管制模式下以行政权力为主导所推行的环境监管制度，难以兼顾被规制对象的个体差异，进而影响其发挥积极性、主动性。现有污染防治制度的重要路径是编制更为严密的法网以增加违法成本，使污染企业为其行为承担责任。但是，这种制度逻辑难以契合企业作为理性经济人的自利倾向，单纯加重对企业的处罚并不能抑制企业逃避污染治理的机会主义行为，在上述制度闭环逻辑下只会催生多种形式的规制俘虏。因此，单纯加重对企业的处罚难以有效改进污染防治效果，而应当发挥市场机制的作用，让企业主动治污。

真正发挥环境污染第三方治理功效的前提是改变单纯的"命令—服从"模式，引入体系化的市场制度。尽管这些市场制度可能并不是直接的第三方治理制度，但是如果这些制度没有得到培育，则所有的污染防治制度的实施主体实质上只有行政执法机构"一方"，被规制对象就不可能成为发挥积极作用的"第二方"，更何谈"第三方"。只有构建市场制度体系，才能为被规制对象提供陈述意见的通道和表达利益的路径，才能为第三方参与污染治理提供条件。这些市场制度体系包括污染者付费、排污权交易、环境税、环保合同、环境保险、绿色市场等等。我国已经有排污权交易的试点，新《环境保护法》也分别在第43条第1款、第2款和第52条规定了排污费、环境税和环境污染责任保险制度，这些都是对市场手段的引入，但还需在实践适用中予以具体化。

2. 改进环境代执行制度

我国现行的环境代执行制度是互动模式下环境污染第三方治理制度的雏形，但存在诸多缺陷。从节约制度创新成本的角度，可以改进当前的环境代执行制度，以满足环境污染第三方治理的需要：（1）提升环境代执行制度的法律效力层次。遗憾的是，2014年新修订的《环境保护法》并没有规定环境代执行制度，使之成为环境法的基本制度。建议：今后的法律修改或者是环境污染防治综合立法，需系统规定环境代执行制度，使之可以适用于所有类型的环境污染防治。（2）赋予环境代执行制度独立性。不是将环境代执行制度作为限期治理制度的后续制度和补充制度（即只有当限期治理制度失效时，才适用环境代执行制度以发挥其补救性功能），而是赋予环境代执行制度独立地位，即其适用不以限期治理制度的适用、失效为前提。（3）一旦赋予环境代执行制度独立地位，就应当同时赋予作为规制对象的污染企业以更大的权限，让其自行选择是由自己承担污染治理的责任，还是支付费用由其他社会主体代为实施环境污染治理的责任。

3. 设立清洁水和清洁空气基金

我国"三同时"制度要求排污企业的污染防治设施与主体工程同时设计、同时施工、同时投产使用。但是现实中，大量的排污企业可能缺乏技术能力和资金来源，并没有设计建造污染防治设施。如果让排污企业付费给专门的第三方主体，替代其间接地履行环境污染治理责任，则会面临一些需要克服的困境。基于环境污染致害的长期性、潜伏性等特征，特别是在一些突发的大规模环境污染事件中，专业化环境污染治理第三方往往缺乏足够的资金购置较大规模的污染防治设施，或者对影响广泛的环境污染事件的治理力不从心。在此情况下，建议：设立专门的清洁水和清洁空气基金。基金主要来源于排污费、专项污染治理资金和国有资产拍卖资金。可以采取无息或低息贷款方式，将清洁水和清洁空气基金优先贷给实施第三方治理的排污企业或环保企业。针对污染治理项目周期长的特点，可以适当延长符合条件的排污企业或环保企业的贷款周期。在项目运营期内，环保企业须按期足额偿还清洁空气基金的资金，保证清洁空气基金的滚动发展。[①]

4. 引入环境污染第三方治理机构

推进环境污染第三方治理是一项复杂的系统工程，需要系统更新环境污染治理的理念、主体、制度和路径。并且，环境污染第三方治理模式的特色集中体现在治理主体上有更为广阔的视野。在环境保护公众参与机制中，广义的"第三方"包括除污染者之外的民间环保组织、环保志愿者和社会公众。但是，环境污染第三方治理中的"第三方"应当有制度创新层面的较为固定的制度内涵，缩限并侧重于专业的环境污染治理第三方机构，充分体现"建立吸引社会资本投入生态环境保护的市场化机制"的政策导向。具体而言，鼓励社会资本成立专业的第三方环保公司，由排污企业向其付费购买治污服务，以专业化、规模化、集约化的方式完成污染治理任务。

---

① 陈湘静：《第三方治理靠什么推进?》，《中国环境报》2014 年 3 月 4 日第 9 版。

为了发挥第三方环保公司在环境污染第三方治理中的效用，还应当重点采取配套制度措施，主要包括：第一，明确环境污染第三方治理模式的类型以及不同模式中环保公司与排污企业之间的关系、权利、义务与责任承担方式；第二，制定第三方环保公司成立的市场准入门槛与监管标准，统一化的标准隐含的是行政的便捷、弹性以及执法机关的更大自由裁量权，而特定化的标准体系则隐含着更多的控制和介入①，需要结合环境污染治理的需求与监管力量的现状慎重且务实选择；第三，评估第三方环保公司在不同行业环境污染治理中的绩效与风险，构建系统的动力塑造、资金支持与风险防范机制。

综上，环境污染第三方治理能够有效提升治污效率，降低治污成本，减轻政府财政负担。针对实践中存在的法律责任界定不清、市场准入与退出机制不健全、政策连续性不强给第三方治污企业带来风险、环保企业自身能力不足等问题，要尽快明确政府、排污企业、第三方治污企业的权责关系，建立环境污染第三方治理的准入与退出机制，加强监管，规范市场行为，完善有关配套政策，有序地推进环境污染第三方治理。②

三　在生态治理中的应用③

（一）做好环境污染第三方治理模式推行的顶层设计

第三方治理模式是我国污染治理的发展趋势，但在全国大规模推广前需要做好顶层设计。完善第三方治理的法律规定，合理规定相关利益方的权责，明确在排污者严格遵守服务合同规定的各项条款时治污责任可以通过付费合同进行转移。针对环境污染第三方治理涉及的不同领域，研究制定有关技术规范、指南和工作手册，从技术层面保证环境污染第三方治理模式的推行。此外，还需要出台相关环境服务标准，使环境服务能够得到量化，形成可度量的付费依据，让"按环境效果付费"具有可操作性。

---

① 刘超：《污水排放标准制度的特定化——以实现"最严格水资源管理"纳污红线制度为中心》，《法律科学》（西北政法大学学报）2013 年第 2 期。
② 谢海燕：《环境污染第三方治理实践及建议》，《宏观经济管理》2014 年第 12 期。
③ 葛察忠、程翠云、董战峰：《环境污染第三方治理问题及发展思路探析》，《环境保护》2014 年第 20 期。

(二) 培育有利于环境污染第三方治理推行的市场环境

严格执行环境监管，促使符合环保要求的企业能够正常生产，不符合的不能生产，加大排污单位的外部压力，迫使企业认真对待环境污染治理问题，从环境污染治理末端形成推行第三方治理模式的倒逼机制。提高环保标准、治污要求和排污成本，倒逼排污企业提高污染治理设施建设运行水平，增强其委托第三方专业治理的内生动力。建立环境服务企业的诚信档案，定期向社会公布第三方运营企业的运营效果，探索实施负面清单制度，加强行业自律，规范市场管理。要建立有利于孵化环境污染治理市场的激励政策。

(三) 强化土地、融资、财税等经济政策激励

出台激励政策，制定和完善扶持环境污染第三方治理模式推行的财政、税收、金融、科技等相关政策，以有效吸引资金、技术、信息等要素的集聚，积极探索环境治理的市场化机制，发展环保服务业，积极推广综合环境服务模式，大力鼓励民营资本进入环境治理领域。积极发展绿色保险，建立环境污染责任保险制度，以应对发生突发环境污染事件。

(四) 设立环保产业发展专项基金

设立环保产业发展专项基金，构建多元化社会融资渠道，资金来源以中央财政引导性资金为主，同时充分调动社会资本投入生态环境治理的积极性，实现滚动增值、多方参与、资金放大、持续高效。重点支持开展大气污染防治、水污染防治、固废处理、生物多样性保护、生态修复等生态治理、环境保护工程建设；对清洁能源改造、污染防治设施建设和升级改造、污染企业退出、重点行业清洁生产示范工程等项目给予引导性资金支持；建立企业"领跑者"制度，对能效、排污强度达到更高标准的环保型企业给予资金奖励；对区域内农村污染防治实行"以奖代补"，促进农村地域的环保工作；对财政资金不足的地区进行转移支付，支持贫困地区的环境基础设施建设。

(五) 试点实施环境污染第三方治理

各地环保部门应及时制定推进环境污染第三方治理的指导意见和工作方案，优选重点地区、重点行业，积极开展环境污染第三方治理试点，大胆尝试。在城镇污水处理厂、生活垃圾处理厂和危险废物处置场等设施运营服务

中优先引入市场机制，推进环境基础设施服务的社会化运营和特许经营。在工业园区、农村和重点行业开展环境保护设施社会化运营试点，逐步提高社会化运营比例。制定出台鼓励社会资本参与环保领域基础设施建设、环境治理的政策措施，还要加强引导。

第四节 多元共治模式

一 时代背景

多元共治与赫尔曼·哈肯的协同理论、埃莉诺·奥斯特罗姆的多中心治理理论有着紧密的联系，强调治理主体的多元化、协同化、网络化，实质上就是将政府、社会、市场有机结合起来，共同解决公共事务中的问题。1971年，哈肯提出协同的概念，1976年，他系统地论述了协同理论（synergetics），认为尽管系统千差万别、其属性各不相同，但是在整体环境中，各个系统之间存在着既相互竞争又相互合作的关系。对于千差万别的自然系统或社会系统而言，都存在着协同作用。协同作用是形成系统有序结构的内驱力。任何复杂系统，在外来能量的作用下或当物质的聚集态达到某种临界值时，子系统之间就会产生协同作用。埃莉诺·奥斯特罗姆的多中心治理理论，源于深刻的理论分析与丰富的实证分析。该理论认为一群相互依赖的个体"有可能将自己组织起来，进行自主治理，从而能在所有人都面对搭便车、规避责任或其他机会主义行为诱惑的情况下，取得持续的共同收益"。多元共治融合了协同理论与多中心治理理论的核心内涵，将多个主体联结在某个节点上，产生优于割裂的主体的效果。

虽然生态环境问题古已有之，但是从未像当前这样备受人们关注，这不仅是因为人们的环保意识在提高，还因为与过去的原生性生态环境问题（如洪水、地震、台风等）源自于自然环境的变化相比，当前的次生性生态环境问题（如臭氧层空洞、雾霾、酸雨、水污染、土壤污染等）主要源自于人类活动的影响，若任其恶化，终将葬送人类文明。自从1960年代以来，世界各国尤其是西方发达国家基于对人类社会可持续发展的担忧，掀起了声势浩大的旨在保护生态环境、防止生态恶化的"绿色革命"运动。各国政府采取多种举措，如运用市场机制，将生态环境私有化，以解决生态环境问题。但在不完全竞争的市场经济中，经济人的利己主义假设与自身结构的特点，使得"市场失灵"成为该举措的最终归宿。又如通过强权政府，以主导、调控方式甚至直接干预生态环境资源在相应部门之间或部门内部的配置过程，从而试图弥补市场机制的缺陷。但事实上，市场解决不了的问题，政府也不一定解决得了，其结果就是"政府失灵"。① 面对单一主体在生态环境治理领域的境遇，提出并运用生态环境多元共治模式恰逢其时。

并且，我国存在着利益诉求不同的多元主体，对于社会事务，他们有分享权力、维护权益、参与治理的需求。因此，打破政府统揽一切事务的格局、推进多元共治成为管理社会事务的必然选择。环境治理涉及面广，被社会广泛关注，尤其需要引入多元共治模式。

二 主要内容

(一) 核心内涵

按照库恩的范式理论，理解生态环境的多元共治模式，有从以下三个层面：一是观念层面。生态环境治理以实现效用最大化为目标，这就需要治理主体多元化，并明确治理主体各自的责任。通过多元共治，促进经济发展与环境保护的双赢。政府在生态环境治理中的行政行为，应当是以提供更多的公共产品和更优的公共服务为主，同时促使其他主体更好地发挥生态治理作用。二是规则层面。生态环境治理要实现效用最大化目标，不仅要求政府、企业、社会组织和公众等治理主体把各自应该承担的生态环境治理责任纳入到自身内部的制度建设规划中，更要求政府将治理主体各自的生态环境治理责任列入政策制定议程，通过健全制度和完善规则，规范并约束各个治理主体的行为。三是操作层面。通过宏观与微观层面的建设，各个治理主体不断落实上述两个层面的内容，并实现观念层面与规则层面内容的具体化、实效化。通常而言，操作层面包括两点：一是各个主体把生态环境治理纳入日常

---

① 田千山：《生态环境多元共治模式：概念与建构》，《行政论坛》2013 年第 3 期。

行为规范中；二是各个主体把生态环境责任视为社会责任的重要组成部分。据此，生态环境多元共治模式可以定义为：政府、企业、社会组织及公众等主体充分发挥各自优势，并分工合作、相互协同、各司其职，切实解决生态环境问题的全过程。必须说明的是，作为弥补其他治理方式的不足而提出的一种生态环境治理方式，多元共治模式绝不是万能的，同样存在治理失效的可能性，正如有的学者指出，多元共治模式可能导致"无中心"倾向的问题。应当指出，作为一种补充而确立的生态环境多元共治模式，绝不能将政府排除出去，政府仍然是生态环境系统中最核心的治理主体。①

（二）基本特征

1. 治理主体的多元性

在生产公共物品、处理公共事务和提供公共服务等方面，政府、企业、社会组织等公共/私人机构和公众只要依法行使权利，就可以成为供给主体。生态环境多元共治模式，正是通过这些供给主体之间的竞争，迫使它们进行自我约束、降低治理成本、提高服务质量，并增强回应性。这是因为除了政府行政手段、市场调控手段会对生态环境破坏者予以严惩或排斥外，绿色环保组织通过系列活动也会对污染物的过度排放者形成一定压力。政府、企业、社会组织和公众之间的良性互动既是生态环境多元共治模式的具体体现，也是使生态环境治理不再步入私有化和国有化两个极端的有效举措。当然，多元共治模式在肯定政府主导对于解决生态环境问题有着不可替代的功能的同时，希望政府将部分权力让渡给市场或其他社会组织，充分发挥这些主体各自的优势和作用，以共同解决面临的生态环境问题。②

2. 治理方式的合作性

推行生态环境多元共治模式，有赖于政府在宏观调控和微观操作层面保持公正性。同时，各个治理主体通过建立合作、协商的伙伴关系，确立生态环境意识的认同感和生态环境目标的一致性。其实质是建立在环境公共利益、环境市场原则和环境价值认同基础上的合作，依赖的是合作网络的权威。这里的合作有其自身的特点：（1）合作是过程导向的社会性行动，是方向明确

---

①　田千山：《生态环境多元共治模式：概念与建构》，《行政论坛》2013 年第 3 期。

②　田千山：《生态环境多元共治模式：概念与建构》，《行政论坛》2013 年第 3 期。

的连续性过程；（2）合作是一种多元主体的共同行动，但是各个主体却是独立的、富有个性的；（3）合作者考虑的是合作行动的总体收益，而不是合作创造的个体收益；（4）合作行为是自主的，即整个合作过程是自主性的实现；（5）合作满足道德的审查和判断，一般不求助于法律；（6）合作是一种社会生活，是"人人为我，我为人人"的标志。①

3. 治理结构的网络性

治理理论主张政府力量走下神坛，建立开放型治理体系，打破公私机构之间的界限，赋予其他治理主体责任与权力，逐渐形成一种平等协商、互利合作的伙伴关系。生态环境多元共治过程中，政府组织、私营企业、利益团体、民间组织、社会组织等治理主体，通过对话、协商、谈判、妥协等集体选择和集体行动，达成抑制生态环境进一步恶化、实现生态环境逐步改善的治理目标，并建立共同解决生态环境问题的纵向、横向或二者相结合的网络治理结构，形成资源共享、彼此依赖、互惠合作的治理机制、组织结构和社会网络。此外，在多元共治模式的网络结构中，关键在于各个治理主体之间拥有共同的逻辑结构，这是一种彼此平等、相互依赖的结构，没有命令等级和科层链条的部分，也没有科层制的形式。②

4. 治理结果的共赢性

"共赢"以平等的交往主体之间的契约共识与互利合作为基本前提，是处理个人与他人关系、个人与社会关系的一种公正态度。"'共'表示兼顾不同主体之间的利益；'赢'表明要保证利益主体各方都获得基本的利益；共赢，就是对和谐互动关系的最佳落实，表明了处理利益主体关系的一种态度。"③在生态环境多元共治模式下，多元治理主体并不是为了参与而参与，也不是为了利益表达而表达，而是通过参与、表达以更好地协调各方意见分歧，实现各方利益共赢，以便更好地解决生态环境问题。在多元利益格局下，开展生态环境治理，如果公共参与、利益表达是基础性的第一步，是发散的过程，

① 黄爱宝：《论府际环境治理中的协作与合作》，《云南行政学院学报》2009 年第 11 期。
② 曾正滋：《环境公共治理模式下的"参与—回应"型行政体制》，《福建行政学院学报》2009 年第 5 期。
③ 李德周、杜婕：《"共赢"——一种全球化进程中的建设性思维方式》，《人文杂志》2002 年第 5 期。

那么利益协调、实现共赢就是关键性的第二步，是收敛的过程。这是因为主体多元化可能导致彼此之间的利益冲突，而治理结果的共赢性不但使冲突各方在解决生态环境问题的过程中得到好处，而且使冲突各方不以牺牲其他主体或生态环境的利益为代价，而以创造外部利益为旨归。

三　在生态治理中的应用

推进生态治理现代化是一项复杂的系统工程，涉及经济社会的各个领域，关乎参与其中的各个角色。生态环境具有整体性，要求彻底改变传统的、单一的政府治理模式，充分利用市场主体，大力培育社会组织，积极推动非政府力量参与到生态环境治理之中，构建生态环境的政府、企业、社会组织和公众等多元主体共治体系；要求政府更加明确自身的职责和权限，从全能政府转变为有限政府，将生态环境治理的权利和工具分配到公众、社会组织等主体中。同时，良好的生态环境是最公平的公共产品，是最普惠的民生福祉。生态环境作为公共产品，具有效用的不可分割性、受益的非排他性和消费的非竞争性。由于受益的非排他性难以解决"搭便车"问题，消费的非竞争性又难以解决公共产品定价问题，因而仅仅依靠市场力量难以保障良好生态环境的供给。并且，单纯由政府供给公共产品不仅缺乏竞争机制，还会导致不同程度的政府寻租行为。因此，在良好生态环境的供给过程中，政府与社会力量不是非此即彼的关系，而是协同共治、良性互动的关系。总体而言，生态治理是为了解决资源无度享用、经济粗放发展所造成的环境污染和生态破坏等问题，其本身也是一种公共事务。由于生态环境问题的复杂性，生态治理的制度安排需要考虑空间、时间、主体等多因素，需要因地制宜、因时制宜，以满足不同主体的生态环境需求。只有完善生态环境多元共治的制度体系，良性、协同、可持续的生态新秩序才能够建立起来。可见，解决生态环境问题、健全生态环境制度，关键在于协同多元主体，建立激励机制，提升实现生态环境目标的高效行动力。[①] 构建"多元共治"的生态环境保护体系，可以采取以下措施。

---

① 吴平：《构建多元协同的生态治理模式》，《中国经济时报》2016 年 9 月 14 日第 5 版。

（一） 正确处理生态环境保护和经济社会发展的关系

思想认识上，要协调好经济增长的速度，社会发展的程度，环境保护的力度，生态环境的可承载度，就要正确处理生态环境保护和经济社会发展的关系。生态环境保护和经济社会发展是协调发展的关系。一方面，经济社会要发展，保护好生态环境是前提。只有维护好生态环境系统的可再生能力和可持续发展能力，才能为经济社会发展提供必需的物质保障，才能为提高社会劳动生产率、创造社会价值提供良好的环境基础。另一方面，保护好生态环境，有赖于经济社会发展。这是因为生态环境保护需要一定的资金投入和科技支撑，而资金投入和科技支撑又需要经济社会发展做后盾。因此，协调好生态环境保护和经济社会发展的关系，将生态环境保护纳入经济社会发展体系之内，大力发展节能环保产业，使经济主体能够从生态环境保护中获得相应的经济效益，进而使生态环境保护成为经济主体的自觉行动。

（二） 做好以机制建设为核心的顶层设计

在任何一个系统中，机制都起着基础性的、根本性的作用。在实施生态环境多元共治的过程中，应将以往的非正式关系、规则或规章确立为体制或机制，做好以机制建设为核心的顶层设计，具体包括：以系统化的区域生态治理体制打破条块分割、壁垒森严的地方行政体制和传统的"行政区行政模式"；以制度化的道德规范增强各个主体在生态治理中的自愿行为；以标准化的组织结构和职责明确的组织分工，培育治理组织的诚信、效率、透明和责任等价值观念；以公开民主的权力结构形成一种权力、能力与责任匹配的多元治理结构，进而形成一个优势互补、上下联动、协同应对的有机体。其中，科学评价机制在生态环境治理机制的建设中发挥着极为重要的作用，特别在形塑协同治理主体的行为模式、保障协同治理机制的目标导向、维系协同治理系统的良性运行等方面具有不可替代的作用。因此，建立生态环境多元共治模式的科学评价机制，应坚持理论与实践相结合、科学规划与可操作性相结合、现实视角与前瞻领先相结合的"三结合"原则，构建涵盖动力、投入、激励等多重维度的评价体系，从内部与外部驱动力激发协同治理主体的初始行为力量，从人才投入、资本投入和政策法规投入等方面保障协同治理系统的长效运行基础，从利益分配机制、学习激励机制和形象激励机制等方面提升各主体的生态治理意愿。事实上，在缺乏有效的替代激励机制的状况下，政治锦标赛是中央有效激励和约束地方官员，运用公共政策获取预期治理绩效的必要路径。因此，机制建设的着力点在于锦标赛内容从显性、短期经济绩效转向公共需求、公共利益，通过"绿色GDP"的绩效考核提升政府生态治理意愿。

（三）政府生态治理的"宏观上升"与"微观沉降"

在宏观层次上，政府部门虽然从社会中产生、并且日益同社会脱离，但是应该从事无巨细的管控模式中转移出来，从政策制定上引导区域内部的多元协同合作，充分发挥组织、协调、领导、创新等职能，成为引领多元协作机制建设方向、整合区域内部优势资源、营造良好协同环境、推动生态文明建设的重要主体。政府可以从宏观层面发挥显著作用：一是着力完善顶层设计和宏观规划，并且通过健全法律和制度体系，建构各主体协作的配套规范体系，让行动有律可依、结果有迹可循，从根本上消除多元主体协作的路径困境和后顾之忧；二是继续优化产业结构，加大对节能环保型企业的扶持力度。此外，政府要充分发挥市场在资源配置中的决定性作用，同时要尽可能地避免陷入市场失灵困境，有效减少污染企业的负外部效应。

在微观层次上，作为生态治理多元协同机制的重要实践主体，政府应从"管而不理"的传统层面沉降至行为层面，加强对环境污染、生态破坏的行为规制，"微观搞活"与宏观规划相对应，真正实现与企业、社会等其他主体的利益平衡、权责对等。一方面，加强政府自身建设，加深政府对生态环境多元共治之必要性和紧迫性的理解，加大对政府公职人员的行为管理力度，建立绿色GDP核算体系和考核机制，切实树立生态协同治理意识、提高生态治理能力。另一方面，加强政府与多元主体之间的沟通交流，实现由神秘政府转向透明政府，健全信息传播机制和民意表达机制，增加社会信任，夯实生态环境多元共治的基础。

（四）充分释放社会公众与社会组织的建设活力

作为生态环境问题的利益相关群体，社会公众与社会组织虽然具有参与生态治理的正当性、必要性，但是在散沙状态下表现出参与无力与角色失灵。对于生态治理多元协同主体而言，社会公众与社会组织是最重要的参与力量，也是汇聚社会资源、社会力量与社会影响力的重要支柱，还是政策推行的最终落实主体，对于构建生态环境多元协同治理机制具有举足轻重的影响。然而，社会力量的深度发掘与有序管理还存在较多问题，这成为社会主体发挥作用的制约因素。要化解社会主体参与生态环境协同治理的困境，需要从社会公众与社会组织的多元协同地位及其自身行为管理两方面着手。政府的垄断性权力资源优势与企业的稀缺性资本资源优势，严重钳制了身处弱势地位的社会公众与社会组织近年来愈发强烈的利益表达与参与诉求。破除这种不对等状态，需要协调社会主体利益、整合社会优势资源，培育壮大社会组织，提高社会公众与社会组织的生态治理能力，这是一条可行的路径。在具体实践过程中，政府采取目标管理、资金支持、制度保障等措施，通过授权生态型社会组织，使其从承担政府剥离出来的社区生态治理开始，逐渐成长为生态治理的强大力量。另一方面，从根本上讲，参与生态治理的社会公众和社会组织及其领导人或多或少具有"经济人"特征，因此，制度设计要让他们在追求个体利益与实现公共利益之间保持均衡，为他们参与生态治理提供正向激励，从而构建起多元治理主体高效合作的机制。当前，政府购买专业化社会组织提供的生态治理服务，在实践中正不断趋向成熟，需要继续深入探究其运作模式、保障机制以及绩效评估机制，丰富和完善生态环境多元共治的内容、形式。①

① 黄杰、张振波：《构建生态治理的多元参与长效机制》，《盐城工学院学报》（社会科学版）2015年第1期。

第六章　生态治理的经验启示

第一节　生态治理的国际经验

加强立法、完善政策、依靠科技、创新机制、动员社会参与是发达国家生态治理实践的主要经验。[①] 下面将以德国、美国和日本为例，详述发达国家生态治理实践经验。

一　德国生态治理的经验

1920 年代开始，受到工业和战争的双重影响，德国的生态环境日益恶化。到 70 年代，德国的生态破坏和环境污染已经成为一种生态灾难。因此，德国政府采取多项措施进行生态治理。到 21 世纪初，德国的生态环境明显改善，德国现已成为世界上生态环境最好的国家之一。其生态治理经验如下：

（一）立法先行[②]

德国是较早开展环境法治建设、最早开始关注环境问题的国家之一，德国的环境立法之完备具体和环境标准之严格细致皆闻名于世。1972 年，德国通过了第一部环保法《垃圾处理法》。1990 年代初，环境保护被写入《基本法》，"国家应该本着对后代负责的精神来保护自然的生存基础条件"。此条款对德国整个政治领域产生了重大影响。目前，德国已拥有世界上最完备、最

---

① 杜飞进：《论国家生态治理现代化》，《哈尔滨工业大学学报》（社会科学版）2016 年第 3 期。
② 邬晓燕：《德国生态环境治理的经验与启示》，《当代世界与社会主义》2014 年第 4 期。

详细的环境保护法，德国联邦和各州的环境法律、法规有8000部，实施欧盟的相关法规约400项。

环境立法先行解决了无法可依的问题。德国联邦政府与州政府在环境立法方面开展合作，各方对环境问题的立法权限和具体实施进行了详细的区分限定。如联邦宪法明确规定，联邦政府在废弃物处理、大气污染控制和噪声防治方面有统一的立法权，而在自然、景观保护和水环境保护等方面，联邦政府只颁布基本的框架条款，这些条款必须得到州一级立法的支持和补充，而各州也可以通过联邦议会参与联邦的立法过程。

（二）科技治理

1. 科技修复。在一百多年的工业化进程中，特别是在第二次世界大战中，德国的生态环境遭到毁灭性破坏。经过30多年的生态修复，德国不仅恢复了碧水蓝天，而且利用各种科技手段（生物技术、环保技术等）逐一清除了渗透在德国土地上的各种重金属和化工有毒物质。

2. 科技教育。德国的环境教育分为环保习惯养成教育和环境专业知识教育两个部分，家庭垃圾分类等习惯养成教育从幼儿就开始进行，环境专业知识教育则贯穿德国整个学历教育体系。①

3. 科技监控。德国利用科学技术建立起较为完善的生态监控网络，确保生态环境免遭再次破坏和污染。如通过卫星、飞机、雷达、地面和水下传感系统，建立起遍布全国的生态环境监测体系，对气候变化、空气质量、土壤状况、降水量、水域治理、污水处理和下水道系统等进行实时动态监测。为防治大气污染，德国政府制定了"大型燃烧设备规定""空气净化技术指南"等管控措施。

4. 科技政策。德国政府制定了一系列促进可再生能源发展的激励政策。对消费化石能源强制征收能源税和生态税，并采用财政补贴、税收、银行贷款优惠等多种形式的激励手段，引导企业、民众广泛使用可再生能源。通过多种措施，德国有效和快速地发展了风能、太阳能、水力和生物质能等可再

① 刘仁胜：《德国生态治理及其对中国的启示》，《红旗文稿》2008年第20期。

生能源，使温室气体排放量迅速减少，为减轻环境污染作出了重要贡献。[①]

（三）生态民主[②]

德国生态治理的成功，得益于政府在制定政策时，始终注重调动社会各阶层的力量，充分发挥"生态民主"的强大整合力和激励作用。

1. 协同治理

德国政府在开展生态治理、环境保护过程中，采取政府与企业合作、企业与企业合作、政府与公民合作、政府与教育机构合作等多种形式，使政府、企业、社会都积极参与、密切合作，共同治理生态环境，使它们发挥各自的影响力，共同推进实施环保政策。

2. 地方自治

德国的环保行政管理实行地方自治，县、镇级地方政府负责完成大部分的环境保护工作。比如，在制定各类发展规划时，地方政府通常把环境因素作为必要考量因素。又如，地方政府承担与环境保护有关的法律强制性职责，并直接管理辖区内生态治理和环境保护中的具体事务。再如，地方政府之间进行横向联合，以解决辖区内独自解决不了的环境问题，或通过联合来降低环境保护成本，提高环境保护工作的效率。

3. 环境标准制定

首先，采用法律的形式制定"普遍条款法"的环境标准。其次，通过制定法规和管理条例对"普遍条款法"的环境标准进行具体化。法规仍然具有法律约束力，并且使法律的不确定性更弱、操作性更强。再次，援引和吸收环境标准化协会制定的私人标准。

4. 社会监督

德国的大众媒体对环保的监督作用之大世界闻名。大众媒体对环保问题的跟踪和采访，拥有完全独立的权利，不受政府和其他组织的干扰。在德国民间，环保非政府组织数量众多且作用非凡。这些环保非政府组织具有代表居民意愿的法定权利，能够参与政府的环保政策制定和企业的环保规划。他

---

① 姜仁良、李晋威、王瀛：《美国、德国、日本加强生态环境治理的主要做法及启示》，《城市》2012 年第 3 期。

② 郭秀丽：《德国环境保护的"生态民主"》，《学习时报》2014 年 3 月 10 日第 2 版。

们在民间的活动也门类众多，其中最重要的是通过写信提建议或抗议的方式提醒和督促政府采取更好的环保措施。德国的很多环保法律也正是在这些环保非政府组织的提醒和监督下出台的，许多政府的公共行为也正是在这些环保非政府组织的提醒和监督中做出调整的。

总之，德国生态治理成功的奥秘在于运用了善治的理念和方法。德国生态善治的本质特征体现为：治理的利器是法治，治理的主体是政府、企业、公众多元主体参与的生态治理共同体，治理的方法是注重自然力的运用和推行预防为主的整体性源头治理。德国生态治理的成功经验对我国推进生态文明建设具有重大的方法论价值。①

二　美国生态治理的经验②

（一）以立法形式进行生态环保，严格执法

1960 年代末，美国的生态环境保护法律法规体系才开始逐步完善起来。在此之前，政府颁布的法律法规不够健全，成文的法律法规较少。70 年代，美国政府颁布了许多单行法律；80 年代开始，美国进一步加强了能源、资源和废弃物处置方面的立法；90 年代后，美国开始注重清洁能源的使用，鼓励新能源的使用，推进新能源技术的研发、利用和推广；进入 21 世纪，美国开始实行"绿色新政"，颁布《美国复苏与再投资法案》，进一步推动清洁能源的使用，更好地保护生态环境。美国法律法规体系的构建及完善，离不开各行各界的努力和配合。如政府实行"双轨制"的生态执法模式，由中央联邦环保局统一授权，各州设立环境质量委员会以及被授权的环保执法部门，规定必须公开生态执法的信息，接受各行各界的监管。在生态环境执法过程中，要求受过高等教育的执法官员、律师及技术专家同时参与，以规避执法对象的不真实性，保障执法的权威性。

（二）实施综合性策略，保护生态环境

在环境保护和生态建设道路上，美国走在世界前列。美国采用税收、收

---

① 方世南：《德国生态治理经验及其对我国的启迪》，《鄱阳湖学刊》2016 年第 1 期。

② 祝镇东：《美国生态环境保护的经验及其对中国生态文明建设的启示》，《经营管理者》2015 年 12 月上期。

费和政府采购等政策措施，鼓励各行各界保护生态环境。美国在税收及优惠政策方面，征收新鲜材料税；在控制二氧化碳排放量时，征收碳税/碳排放税；在促进绿色节能时，鼓励新建节能住宅、节能设备，实行税收减免政策。在政府采购方面，对于再生材料的产品，制定了优先购买的相关政策法规，给予未按规定购买的行为处以罚金。同时，美国制定了奖励政策，如设立国家级"总统绿色化学挑战奖"，旨在奖励那些已经或者将要通过绿色化学显著提高人类健康水平和改善生态环境的科技工作者。

（三）依靠科技，提高生态环境保护水平

美国政府积极鼓励创新环保科技，研发环保技术，开创环保领域。美国国家环保局每年投资近百亿美元，主要用于生态环境保护基础设施建设以及有关信贷投资。政府还拨专款用于煤电环境降污技术的开发，并设立有关奖项用于鼓励对降低资源消耗、防治环境污染有实用价值的新工艺、新方法的研发。总之，依靠科技，推动环境和经济协调发展。

（四）促进经济发展方式转型升级

美国很早就开始转变经济发展方式，着手解决生态环境问题，取得了举世瞩目的成绩。在美国，循环经济模式以"3R"为操作原则，是化解生态环境危机、提高生态经济效益的有效途径，推动了废弃物资源的回收利用和可再生资源的开发利用。为促进经济发展方式转型升级，美国实施了"绿色新政"，内容包括应对气候变化、开发新能源、节能减排、提高资源利用率等多方面。

（五）重视非政府组织力量，提高公众环保意识

推进生态环境保护，离不开非政府组织和社会公众的积极参与。在发达国家，非政府组织和社会公众的力量已经成为环保领域除行政、经济和技术手段之外的重要组成部分，受到各国政府的大力支持和积极鼓励。在美国，非政府环保组织已经成为生态环境保护的一支重要队伍，发挥着政府和企业无法替代的功能。此外，美国环保教育作为国民教育的重要组成部分，形式多样、内容丰富，多方面提高公众环保意识。

美国生态环境保护是一场自下而上的全民运动，民间组织和公众是主力军。美国环保民间组织数量规模大、群众基础好、资金筹集多。并且，美国

特别注重生态环保教育，环保教育从小学就开始，孩子们在环保教育中学习环保知识，树立环保意识。

三 日本生态治理的经验

日本是环境治理最成功的国家之一，这得益于政府、企业、社会团体和国民广泛参与的环境保护行动和下述四方面的有机结合。

（一）完善的法律体系与有效的配套政策相结合

严格而细致的立法条文详细规定了各类环境治理的基本原则。同时，工业企业环境报告书的定期发布、第三方治理委托事务标准的具体明确以及政府对第三方治理机构的经常化培训与考核等配套政策，有效地促进了环境保护法律法规的贯彻执行。

（二）严格的审核认定与适当的经济激励相结合

日本的相关法律规定，对于一般的废弃物处置企业，需要由市町村和都道府县分别审核其资质和设施条件，取得市（町村）长和知事的许可；对于再生利用企业，需要接受环境省的审核，并获得环境大臣的许可。与此同时，日本政府对于环境治理提供适当的经济激励，如：减免公害较小、排量较少车辆的产品税，不征收大气和水体公害防治设备的任何不动产税，以及为环保企业或机构提供金融产品服务等。

（三）排污单位的自我治理与第三方治污企业的专业治理相结合

废弃物的排放由排污单位承担主要责任，排污单位可以根据污染情节或排污设施条件等选择具体的治污方式，既可以自我治理，也可以选择第三方治污企业进行专业治理。但是，排污单位必须对污染治理情况进行严格监督，也必须承担污染治理费用。

（四）地方政府主导与行业协会参与相结合

日本地方政府设立环境管理机构、环境审议会、环境科学研究机构等，对本辖区的环境质量负全责；根据不同专业形成的日本环境安全事业株式会社、日本环境保全协会等行业协会，承担着本行业废弃物处理业务的资质审查、招投标工作以及部分环保基金的管理等职能。这些行业协会既为第三方治理机构提供全面、专业、权威的信息数据，又对地方政府、排污单位、治污企业等进行客观、有效的监督，为环境污染治理的有序运转提供了重要保障。①

此外，在生态治理领域，倡导公众参与，这是日本基于客观现实提升生态治理水平的最佳选择。日本生态治理分为公众监督、环保教育以及协作共治三步。公众监督是通过政府、群众以及新闻媒体三方的共同作用，形成强有力的舆论氛围，进而达到监督环境治理的目的。环保教育是通过家庭、学校以及社会宣传动员等教育方式，让公众认识到环境保护关乎公共利益，让公众自觉自愿地承担起生态治理的责任和义务。协作共治是通过环保民间组织、普通群众、高校教师以及政府环保机关的共同作用，实现生态治理的目标。这三步环环相扣、层层递进、缺一不可。②

第二节　对西北地区生态治理的启示

发达国家生态治理的经验启示：一是必须坚持立法先行、完善相关政策体系，推动有利于绿色循环低碳发展的科技创新和生态治理体制机制创新，鼓励和动员人人参与。二是不能重蹈西方国家先污染后治理的覆辙。以人为本、造福于民是中国特色社会主义的本质要求，必须坚定不移地加强生态治理，走生产发展、生活富裕、生态良好的文明发展道路。三是不能迷信发达国家的生态治理模式。发达国家的生态治理模式存在很大弊端和局限性，集中体现在城市扩张、土壤侵蚀、生物多样性降低、核废料最终处置和全球气候变化等方面。必须秉持新发展理念，根据我国国情积极探索具有中国特色的生态治理模式。四是必须把生态文明作为生态治理的目标。五是必须加强国际合作，增强国际减排协议的法律约束力。③

由于我国西北地区生态环境复杂多样、脆弱多变，也由于该地区经济社

---

① 蒋文武：《环境污染第三方治理》，《中国社会科学报》2017年12月6日第4版。
② 岳洁：《国外生态治理的经验》，《中国社会科学报》2018年6月26日第5版。
③ 杜飞进：《论国家生态治理现代化》，《哈尔滨工业大学学报》（社会科学版）2016年第3期。

会发展措施不当、方式粗放等，该地区生态环境遭受严重破坏，反过来制约着经济社会的持续发展。发达国家生态治理经验对该地区生态治理有如下启示：

一　因地制宜，恢复植被

因地制宜，恢复植被就是恢复由于人类活动所改变的原始自然植被状况，也就是按照自然带的分布规律，进行植被重建，宜草则草、宜灌则灌、宜林则林、宜农则农。因地制宜推进退耕还林还草，关键在于处理好植被重建和土地利用的关系。根据不同地区生态环境特点，分类分片分区域进行生态治理。当前的生态环境建设是以恢复植被、水土保持为主，处理好林、草、荒（地）的关系十分重要。对此，首先要正确认识退耕还林还草，改变重林轻草的观念。对于退耕土地，是还林还是还草，需要遵循自然规律，建设多层次的生态群落。在不能形成多层次生态群落的地区，如果已有草被或灌草覆盖，那么不宜毁草开挖去重新建设乔木林，特别是稀树林。其次要充分认识自然恢复的作用，不仅自然恢复可以节省大量投资，而且自然恢复的植物和植被多样性远优于人工造林。对于许多无林宜林区、采伐迹地或宜林荒山，不需要人工造林，只要封山禁伐，就能育林成林，5—10年即能见效。西北大部分地区以荒地荒山为主，要禁止对地表层和边坡的随意破坏，要转变重建设轻保护的观念，防止出现重开发轻管理、边建设边破坏的严重后果。总之，西北地区生态治理应遵循自然规律，因地制宜地推进生态恢复与重建。

二　发展科技，转变方式

水资源短缺是西北地区农业持续发展最主要的制约因素。因此，该地区发展农业科技、打造节水农业势在必行。这就需要进一步研发喷灌、滴灌、微灌、管灌、渠灌等节水灌溉技术，需要综合研究水资源的开发利用、输水配水、田间节水灌溉、灌溉制度、农业栽培等节水型农业技术体系，需要采用低压管道输水、膜上灌、选育抗旱品种、培肥改土、施用保水剂等成套节水技术。

西北地区经济发展相对落后，要合理规划、调整优化产业结构，以培育壮大特色优势产业来保持经济持续健康发展。在经济发展过程中，西北地区不要单纯以资源开发为导向，而要把资源开发同发展先进制造业、高新技术产业和现代服务业结合起来，还要把旅游业、生态农业、环保产业等作为该地区重点发展的新兴产业和支柱产业。同时，积极推进区域合作，坚持引进来和走出去并重，努力拓展国内、国际市场，实施区域可持续发展战略。

三 多元协同，环境共治

生态环境是关系民生的重大社会问题，西北地区生态治理、环境保护只有全体社会成员共同努力，只有构建起政府、企业、社会团体和家庭协同实施的生态环境保护体系，才有望实现该地区人与自然的和谐相处。首先，充分发挥政府在生态环境治理中的主导作用，切实发挥各级政府在生态环境保护中的计划、组织、指挥、控制和协调职能。其次，大力培育环保组织，支持环保组织实施环保行动，形成环境治理的合力，提高环境治理的绩效。再次，全体社会成员要从自我做起，从小事做起，以实际行动参与生态环境治理，一方面确保个人的具体行为不对生态环境造成破坏，另一方面发挥个人对生态环境破坏行为的监督作用。总之，西北地区生态治理要更好地发挥政府的主导和监管作用，发挥企业的积极性和自我约束作用，发挥社会组织和公众的参与和监督作用，并在此基础上推进多元主体相互协调、协同合作。

▶ 实践篇 ◀

第七章　陕西生态治理的实践

第一节　生态环境状况

陕西，简称陕或秦，地处中国内陆腹地，黄河中游，介于东经105°29′—111°15′，北纬31°42′—39°35′之间；东邻山西、河南，西连宁夏、甘肃，南抵四川、重庆、湖北，北接内蒙古，处于连接中国东、中部地区和西北、西南的重要位置。全省地域狭长，南北最长878.0公里，东西最宽517.3公里，辖区面积20.56万平方公里。地势南北高、中间低，有高原、山地、平原和盆地等多种地形。北山和秦岭把陕西分为三大自然区：北部是黄土高原区，海拔900—1900米，总面积8.22万平方公里，约占全省土地面积的40%；中部是关中平原区，海拔460—850米，总面积4.94万平方公里，约占全省土地面积的24%；南部是秦巴山区，海拔1000—3000米，总面积7.4万平方公里，约占全省土地面积的36%。陕西纵跨三个气候带，南北气候差异较大。秦岭是中国南北气候分界线，陕南属于北亚热带气候，关中及陕北大部属于暖温带气候，陕北北部长城沿线属于中温带气候。陕西气候总特点是：春暖干燥，降水较少，气温回升快而不稳定，多风沙天气；夏季炎热多雨，间有伏旱；秋季凉爽，较湿润，气温下降快；冬季寒冷干燥，气温低，雨雪稀少。全省年平均气温9—16℃，自南向北、自东向西递减。陕北年平均气温7—12℃，关中年平均气温12—14℃，陕南年平均气温14—16℃。[①]

---

① 陕西省地方志办公室：《陕西年鉴2018》，陕西年鉴编辑部出版2018年版，第35页。

2018 年，全省 13 个市（区）环境空气质量由好到差依次是安康、商洛、汉中、杨凌示范区、榆林、宝鸡、延安、铜川、韩城、渭南、西咸新区、西安、咸阳；13 个市（区）优良天数比例在 43.0%—90.7% 之间，平均优良率为 66.5%；10 个设区市和杨凌示范区开展了自然降尘监测，其中年均降尘量最低的是汉中市、最高的是延安市；15 个市（县、区）开展了酸雨监测，共采集雨样 858 个，未检测出酸雨样品。2018 年，水环境质量方面，全省河流 I—Ⅲ类水质断面比例为 78.9%，较上年上升 13.8 个百分点；Ⅳ—Ⅴ类水质断面比例为 15.0%，较上年下降 11.9 个百分点；劣Ⅴ类水质断面比例为 6.1%，较上年下降 1.9 个百分点；50 个国考断面中水质达到考核目标的 46 个，超过考核目标的 4 个，国考断面 I—Ⅲ类优良比例为 80%，劣Ⅴ类断面为 2%。2018 年，声环境质量方面，10 个设区市区域环境噪声平均等效声级范围为 53.9—59.3 分贝，平均 56.7 分贝；10 个设区市开展了道路交通噪声监测，平均等效声级介于 63.4—69.9 分贝，声环境质量等级为一级（好）。全省道路交通声环境质量保持稳定。2018 年，辐射环境质量方面，全省辐射环境质量总体良好。陕西环保大厦等 7 个辐射环境自动监测站的空气吸收剂量率均属于正常环境水平。陕西生态环境状况指数（EI）为 61.94，生态环境质量为"良"。全省约三分之二的人口生活在生态环境良好的区域。①

综合来看，近年来，陕西生态环境质量出现了稳中向好趋势。但是，由于基础脆弱、历史欠账较多等原因，生态环境保护形势依然严峻复杂，生态环境质量总体改善的任务还很艰巨，稍有松懈就有可能出现反复，特别是秦岭北麓还存在违规建设等严重问题。② 我们必须深刻认识陕西生态环境的脆弱性和环保工作的艰巨性。

① 陕西省生态环境厅：《2018 年陕西省生态环境状况公报》，http：//sthjt.shaanxi.gov.cn/new-stype/hbyw/hjzl/hjzkgb/20190603/40879.html，2019 年 6 月 3 日。
② 本报评论员：《深刻认识陕西生态环境保护的艰巨性》，《陕西日报》2018 年 9 月 3 日。

第二节 生态治理实践

一 陕西水土流失治理

《2016 年中国水土保持公报》（以下简称《公报》）显示，全国重点治理区水土保持工作成效显著，但重点预防区水土流失形势依然严峻。2016 年，陕西省共完成水土流失治理面积 4600 平方公里，占全国治理面积 5.62 万平方公里的 8.18%，竣工小流域 106 条，治理速度位居全国前列，但国家级重点预防区水土流失状况依然严峻。该《公报》对全国 16 个国家级水土流失重点预防区和 19 个国家级水土流失重点治理区的 150 个县（区）的监测结果进行了公布，其中涉及陕西省的 9 个县（区）。2016 年，水利部对陕西省 3 个国家级水土流失重点治理区进行了动态监测，分别为泾河、北洛河上游治理区，嘉陵江上中游治理区和丹江口水源区治理区。与 2013 年相比，其中 2 个治理区中度以上水土流失面积呈下降趋势，反映综合治理措施发挥了重要作用。同时，水利部对陕西省子午岭重点预防区和汉江上游重点预防区进行了水土流失动态监测。该《公报》显示，子午岭重点预防区的铜川市王益区和印台区，水土流失面积 373.28 平方公里；汉江上游重点预防区的太白县、佛坪县和汉台区，水土流失面积 834.62 平方公里。与 2013 年相比，汉中市汉台区水土流失面积减少了 11.36 平方公里，但受自然因素影响，铜川市王益区和印台区，水土流失面积增加了 31.42 平方公里。综合评估全省重点预防区的水土流失状况，水土流失面积仍然呈发展态势，预防保护工作还需继续加强。[①]

2017 年，陕西省以生态文明建设为指引，积极推广近自然水土保持措施，全年完成投资 18 亿元，治理水土流失面积 6568.8 平方公里，其中，基本农田 340 平方公里，经济林 974 平方公里，水保林 2006 平方公里，种草 551 平方公里，生态修复 2697 平方公里，占年度计划的 101.1%。全省将 200 条小流域综合治理任务分解到国家重点水土保持工程、坡耕地治理工程等国家级

---

① 王永锋、邓民兴：《陕西水土流失治理速度居全国前列》，《陕西日报》2017 年 9 月 24 日。

和省级重点治理项目，完成治理水土流失面积 1205 平方公里，建成淤地坝
1033 座，其中新建 93 座、加固维修 940 座；印发了《全省涝池、塘坝、站窖
枯丰调节向陕北延伸扩面增效方案》，安排中央和省上资金 4.1 亿元用于项目
建设；建立奖优罚劣制度，加大项目计划宏观调控力度，对进度慢、效果差、
管理不力的项目县（区）减少投资规模，甚至暂停项目。全省各项目区抓早
动快，国家水土保持重点工程建设比往年同期快 20%，全年完成投资近 2 亿
元，治理水土流失面积近 800 平方公里，提前完成水利部提出的年度目标任
务。全省开展水土保持田园综合体前期工作，持续推进示范园建设。2017 年，
宝鸡市金台区代家湾、渭南市槐园、临渭区鸿鹤谷等 8 个示范园被水利部命
名为"国家水土保持科技示范园"。截至 2017 年年底，全省累计建成国家水
土保持科技示范园 15 个，走在了全国前列。①

　　2018 年，陕西省立足综合生态系统管理，新增治理水土流失及生态修复
面积 3000 平方公里，修复整治涝池、塘堰 1500 座，新建加固淤地坝 300 座，
全面完成国家水土保持重点工程建设任务。全省持续推进淤地坝建设，完成
新建、加固 300 座淤地坝建设任务。将淤地坝防汛工作纳入河长制工作，按
水系实行"网格化"管理；着手建立省级淤地坝防汛指挥体系，推进淤地坝
信息化建设；加大病险淤地坝除险加固工程省级建设投入，加快建设步伐。
落实专项淤地坝管护奖补资金，以撬动市县落实管护经费，夯实管护责任。
加大投资力度，进一步抓好全省农村涝池、塘坝、站窖枯丰调节试点工作，
确保全年完成涝池、塘堰修复整治 1500 座。其中，省投资金为 1.25 亿元，
用于建设南塘北池工程 1000 座，资金和任务切块到宝鸡、咸阳、渭南、延
安、铜川、韩城、杨凌等 8 个市区。全省还大力推进陕南生态清洁小流域工
程建设，以南水北调水源保护为核心，以秦岭保护为抓手，主要在安康、商
洛、汉中、西安、铜川、宝鸡等 6 市建设生态清洁型小流域 15 条，以点带面
加强陕南水环境治理与生态保护。②

　　以位于关中平原与陕北高原过渡带的白水县为例，该县地处陕西省东北

---

　　① 张松、刘艳芹：《陕西省去年治理水土流失面积 6500 多平方公里》，《陕西晚报》2018 年 1 月
15 日。

　　② 齐卉：《陕西省将新增治理水土流失及生态修复面积 3000 平方公里》，《陕西日报》2019 年 2
月 20 日。

部，境内沟壑纵横，地形破碎，少山土沟多，每逢下雨，土山坡就会被雨水冲刷，水土流失特别严重，严重地破坏了自然生态环境。因此，防治水土流失一直是当地生态文明建设的重要任务。①

近年来，白水县人民积极贯彻"既要青山绿水，也要金山银山"的号召，该县乡村与相关农业开发公司合作，自筹资金，将容易造成水土流失、国土规划可以做成水浇田及部分未植树的部分低效林区进行了生态核桃林区开发建设，使雨水冲刷流失沟壑顺势平整、修坝美化治理，从根本上治理了荒山荒坡水土流失的问题，也为当地的农民脱贫致富找到了新出路（图7-1）。白

图7-1　白水县水土流失治理与农民增收致富相结合

图片来源：https：//www. sohu. com/a/233569655_ 132340？qq - pf - to = pcqq. c2c

---

①《陕西白水县：解决荒山荒坡水土流失大问题为农民脱贫致富》，搜狐网，https：//www. sohu. com/a/233569655_ 132340，2018 年 5 月 31 日。

水县是国家级贫困县，农村人口有 17 余万，人均耕地少，贫困农民比例高，其主要原因在于农业生产效率低，土地少，生产单一，农作物经济价值产能低廉。该县目前可以开发成为可耕地的荒山荒坡地约有 9 万余亩，若是都能够开发成核桃生态林，将能够极大地改善环境治理现状。核桃树容易管理、经济价值高，既能起到绿化山水的作用又能增加农民的收入，为广大农民脱贫致富提供很大帮助。当前，白水县各乡村正与相关生态农业开发公司合作开发生态核桃经济林，为建设成为山青、人富、环境美的美丽乡村不懈努力。

二 秦岭生态空间治理

党的十九届四中全会，将"坚持和完善生态文明制度体系，促进人与自然和谐共生"作为坚持和完善中国特色社会主义制度、推进国家治理体系和治理能力现代化的重要内容之一，为生态空间治理赋予了新动能，指明了新方向，开辟了新路径，提供了基本遵循。

秦岭是中国的地理标识，是我国南北气候分界线和重要的生态安全屏障，具有调节气候、保持水土、涵养水源、维护生物多样性等诸多功能。[1] 保护秦岭，久久为功。2019 年 12 月，陕西发布实施"秦岭生态空间治理十大行动"，未来将严格保护秦岭生态空间，建立保护有力、修复科学、管理有效的秦岭生态空间治理体系，为建设美丽中国提供"秦岭样本"。[2]

（一）自然保护地体系建设行动

编制秦岭自然保护地体系规划。加快推进大熊猫国家公园陕西秦岭区体制试点，全面启动秦岭国家公园前期建设工作。加强秦岭珍稀野生植物原生境保护园区建设。整合各类自然公园，着力解决自然保护地设置重叠、边界不清、多头管理、权责不明等突出问题。对未纳入国家公园、自然保护区、具有重要保护价值的区域，因地施策，加强保护。积极推动华山世界自然遗产、自然与文化双遗产申报工作。

---

① 《陕西省林业局：秦岭生态空间治理十大行动》，海外网，2019 年 12 月 3 日。
② 《生态空间治理精准施策——陕西发布秦岭生态空间治理十大行动》，《中国绿色时报》2019 年 12 月 27 日。

（二）森林资源保护行动

加强森林资源培育、保护，推动资源管理信息化建设。组织编制森林经营方案，创新国有林场保护和利用的新体制、新模式。组织编制森林和草原火灾防治实施方案，落实防火责任制，加强火灾预防。加强林业有害生物防控，重点做好松材线虫病除治工作。

（三）野生动植物保护行动

实施野生动植物资源普查、专项调查，调整重点保护陆生野生动植物名录，建立野生植物资源档案，加强秦岭珍稀野生动植物和古树名木群落保护。组织开展秦岭陆生野生动物重要栖息地认定工作，确定栖息地名录，在栖息地设置保护设施和标志，构建起自然、多彩、连通的生态廊道与山水林田湖草一体的健康生态系统。

（四）生态空间修复行动

编制《天然林保护专项规划》，建立天然林保护修复制度。编制《湿地保护专项规划》，建立湿地保护修复制度。制定封山育林、森林抚育、飞播造林等专项实施方案，鼓励25°以下坡耕地退耕还林还草，优先开展秦岭北麓直观坡面、困难立地生态修复，提升生态系统服务功能。创新全民义务植树尽责形式，创建森林景观特色的美丽乡村。

（五）生态服务与富民行动

建立健全以生态产业化和产业生态化为主的生态经济体系。依托秦岭生态资源优势，打造一批国内外知名的森林康养基地，建设自然体验、生态旅游等转化创新平台。推动中国特色农产品优势区、地理标志产品、有机产品的认定认证，鼓励林业龙头企业、合作社创建生态产品服务平台。探索建立市场化、多元化生态保护补偿机制，依托生态保护、生态修复、生态搬迁、生态产业，推行社区参与式治理，设立公益性岗位，构建生态服务和生态富民新格局。

（六）科技创新行动

创新生态空间治理理论，丰富生态空间治理实践。建立健全秦岭生态空间分类体系，加强秦岭生态空间资源监测与评价，建设秦岭生态空间治理人工智能应用体系。加强自然、生态、人文、地理、历史等方面研究，推出一批秦岭研究专著，逐步形成秦岭学知识链条，构建秦岭学理论创新体系。

（七）智库建设行动

在陕西省林业科学院加挂大秦岭研究院牌子，组建大秦岭研究创新团队，共建跨学科、跨领域、跨地区的新型智库（保护大秦岭、修复大秦岭、研究大秦岭、关注大秦岭）。加快大熊猫国家公园秦岭大熊猫研究中心建设，按照"一公园、两基地"布局，改造提升繁育基地，新建救护放归基地，筹建秦岭大熊猫科学公园。依托陕西汉中朱鹮国家级自然保护区管理局，创建朱鹮国际研究创新高地，为世界朱鹮野外种群的恢复与保护提供"中国模式"。

（八）保护执法与监督行动

按照秦岭范围重点保护区、一般保护区产业准入清单，严格审核审批，加强事中事后监管。夯实行政执法责任，加强监督检查和专项整治。建立长效机制，持续开展专项行动，严厉打击乱砍滥伐、乱采乱挖、乱捕乱猎、乱批乱占、毁林开垦、非法改变林地用途等违法行为。

（九）生态文化宣传行动

聚焦"秦岭生态空间＋"，办好秦岭讲坛，讲好秦岭故事。持续开展秦岭大熊猫文化宣传系列活动，凝聚秦岭保护共识。深挖"秦岭四宝"内涵，创作一批高质量影视、文创、绘画、摄影等秦岭生态文化产品。结合《陕西省秦岭生态环境保护条例》宣传活动，着力宣讲秦岭生态空间治理举措，形成秦岭特色的生态文化体系。

（十）组织保障行动

加强督导考核，夯实秦岭生态空间治理责任。发扬"谦逊博爱、和美高远、机智拼搏、团结坚毅"的"秦岭四宝"精神，加快建设一支"政治强、业务精、形象好"的陕西生态绿军。引导社会参与，营造良好氛围，共建绿色家园。

综上所述，《秦岭生态空间治理十大行动》是在贯彻落实十九届四中全会和条例精神的基础上，结合林业部门实际，量身定制的为建立秦岭生态空间治理体系和推进治理能力现代化做出的全面工作部署，是林业部门工作的深化和提升。《秦岭生态空间治理十大行动》秉承尊重自然、系统保护、现代化、信息化等新理念，立足秦岭生态空间，围绕"生态保护、生态恢复、生态重建、生态富民、生态服务、生态安全"六条战线精准施策，保护措施更加系统全面，治理体系更加科学完备。[1]

此外，要以秦岭整治保护为重中之重，打好青山保卫战。秦岭保护是一项长期的、艰巨的、关乎子孙后代的工作。要牢固树立秦岭保护区保护至上理念，坚持共抓大保护、不搞大开发，严格执行有关条例，严守生态红线，严控开发建设范围，严厉打击破坏行为。要突出违规建设、违规采矿采石治理等重点，依法依规、动真碰硬抓好整改。要举一反三、彻底治理，依托网格化管理机制和卫星遥感技术，开展秦岭全域生态环境问题排查和整治行动，强化卫片执法检查，做到动态实时监管全覆盖。对秦岭保护中的不作为、慢作为、乱作为等问题，要严肃追责问责、绝不姑息迁就。[2]

---

[1]　姬雯：《"三论"秦岭保护》，http://sl.china.com.cn/2020/0120/75655.shtml，2020年1月20日。

[2]　本报评论员：《深刻认识陕西生态环境保护的艰巨性》，《陕西日报》2018年9月3日。

第八章　宁夏生态治理的实践

第一节　生态环境状况

宁夏回族自治区，简称宁。从地理区位来看，宁夏地处我国西北内陆区，且处于黄河中上游。地理坐标约为东经104°—106°，北纬35°—39°。属于大陆性气候，冬季严寒，夏季酷热，春季多风沙。宁夏，三面环沙，生态脆弱。全区以沙质地貌为主，北部以及边缘区域以低山丘陵为主，地势南高北低。植被覆盖度总体偏低，尤其是土地沙化严重区域的植被覆盖度极低，中南部低山丘陵区土壤裸露，地表生物量少。

宁夏森林资源少，生态系统整体功能脆弱。全区水土流失和沙化面积占土地总面积的90%以上，被列入全国风沙危害和水土流失严重的地区。1978年，国家三北工程正式启动，宁夏成为全国唯一被全境列入三北工程的省区。经过近40年坚持不懈的努力，全区森林面积由工程建设前的187万亩增加到目前的984.3万亩，净增797.3万亩。森林覆盖率由2.4%提高到12.63%，沙化土地面积由20世纪70年代的2475万亩减少到现在的1686.9万亩，水土流失得到有效控制。农田防护林保护耕地面积由工程实施前的102万亩增加到现在的600万亩，特色优势经济林面积由12.5万亩增加到现在的437万亩，全区林业及相关产业产值由1.3亿元增加到200亿元。[①]

2018年，贺兰山整治修复、黑臭水体治理、农业面源污染治理、采矿区

---

① 《宁夏三北工程建设铸就绿色屏障》，宁夏回族自治区林业厅，2016年7月29日。

扬尘管控等工作取得了显著成效，全区上下形成了齐抓共改同治的工作局面。这一年，中央环保督察反馈问题整改有序推进。宁夏被确定为首轮中央环保督察"回头看"10 个省区之一，自治区党委和政府立行立改，推动解决了一大批生态环境问题。这一年，蓝天保卫战首战告捷。银川市"东热西送"一期工程顺利供暖；西夏热电二期 4# 机组投运；全区新增集中供热面积 1640 万平方米；淘汰燃煤锅炉 367 台、老旧车 2.65 万辆；地级城市空气质量优良天数比例为 87.2%。这一年，新时代黄河保卫战全面打响。全区 36 个城镇污水处理厂达到一级 A 排放标准，22 个工业园区实现污水集中收集处理，12 条重点入黄排水沟建成适宜地段人工湿地，水质明显改善，11 条黑臭水体已消除黑臭。这一年，净土保卫战扎实推进。土壤环境监管迈出实质性步伐：划定土壤详查单元 324 个，布设点位 3034 个，采集重点行业企业用地信息 579 家，全面完成农用地土壤样品和农产品的采集、制备和分析测试工作。这一年，贺兰山环境整治得到国家肯定。完成生态保护红线划定并首批通过国家审核，形成了"三屏一带五区"的生态安全格局；完成贺兰山国家级自然保护区 169 处人类活动点阶段性生态环境综合整治，并整体转入生态修复阶段。这一年，生态环境领域改革实现新突破。将发改、国土、农牧、水利等部门相关职能整合优化，组建了自治区生态环境厅；自治区党委全面深化改革委员会审议通过了生态环境损害赔偿制度改革方案。这一年，环境保护执法"利剑"始终高悬。自治区各级生态环境部门高悬环保执法"利剑"，严厉打击环境违法行为，全年累计实施行政处罚 1028 起、累计处罚金额 12059.6 万元；全域推行大气污染热点网格监管模式。这一年，环保专项资金投入创新高。自治区财政下达环保专项资金 27.13 亿元，积极争取中央环境保护专项资金 3.28 亿元，总投资 30.41 亿元，较 2017 年的 8.32 亿元增长了 265%，组织实施污染治理项目 1180 个，是宁夏历史上投入生态环保专项资金、实施治理项目最多的一年。这一年，全区大气和水环境质量持续改善，土壤环境质量良好，声环境质量保持稳定，核与辐射环境正常，生态环境状况总体稳定。[①]

但自治区仍存在的生态环境问题有：贯彻落实国家环境保护决策部署存在差距；有关部门履职不到位；全区大气环境和局部水体环境质量下降；8 条

---

① 穆国虎、宽容：《2018 年宁夏生态环境状况公报》，《宁夏日报》2019 年 6 月 2 日。

重点入黄排水沟水质为劣 V 类，其中 5 条水质部分指标仍在恶化；部分国家级自然保护区生态破坏问题突出；自治区有关部门违规办理贺兰山保护区林地审批手续 67 宗，新设置或延续采矿权 20 宗；突出环境问题尚未得到有效解决。①

第二节　生态治理实践

宁夏是我国西部一个干旱的省区。2018 年 9 月，自治区成立 60 周年大庆，习近平总书记题词"建设美丽新宁夏　共圆伟大中国梦"，殷殷期望，字字千钧。

一　宁夏绿色屏障建设

2016 年 7 月，习近平总书记在宁夏考察时明确指出，宁夏是西北地区重要的生态安全屏障，要大力加强绿色屏障建设；要强化源头保护，下功夫推进水污染防治，保护重点湖泊湿地生态环境；要加强黄河保护，坚决杜绝污染黄河行为，让母亲河永远健康。② 宁夏深入贯彻"绿水青山就是金山银山"重要思想，牢固树立绿色发展理念，把中央精神与自治区的实际结合起来，把三北五期工程和退耕还林等重点工程结合起来，大力实施生态移民迁出区生态修复工程、灌区绿网提升工程、城乡增绿工程、建设全国防沙治沙综合示范区工程、再造枸杞产业新优势工程等五大工程，推进三北工程持续、稳定、健康发展。③

自 2017 年 6 月 20 日起，宁夏贺兰山国家级自然保护区内所有开采煤炭、砂石等的工矿企业全部关停退出，并对其进行环境整治和生态修复；保护区内矿产资源开采和建设项目审批停止。这是对党中央关于生态文明建设的决

---

① 阎梦婕：《宁夏在生态、大气、水等方面环境问题凸显》，人民网—宁夏频道，2016 年 11 月 16 日。

② 《习近平在宁夏考察时强调：解放思想真抓实干奋力前进　确保与全国同步建成全面小康社会》，《人民日报》2016 年 7 月 21 日第 1 版。

③ 《宁夏三北工程建设铸就绿色屏障》，宁夏回族自治区林业厅，2016 年 7 月 29 日。

策部署的坚决贯彻，在短期的经济增长和长远的生态保护之间，自治区党委毅然决然选择后者，体现了宁夏实施"生态立区"战略、构筑西北绿色屏障、打造西部地区生态文明建设先行区的坚定决心。必须立足生态环境脆弱的实际，牢固树立尊重自然、顺应自然、保护自然的绿色发展理念，像保护眼睛一样保护生态环境，像对待生命一样对待生态环境，承担起维护西北乃至全国生态安全的重要使命，让宁夏的天更蓝、地更绿、水更美、空气更清新。[①]

（一）划定生态红线

宁夏处于我国北方防沙带、丝绸之路生态防护带和黄土高原—川滇修复带"三带"交汇点，在全国生态安全战略格局中具有特殊地位。构筑祖国西北重要的生态安全屏障，承担起维护西北乃至全国生态安全的重要使命，迫切需要一个体系完整的顶层设计。2016 年 4 月 18 日，中央全面深化改革领导小组第 23 次会议批准宁夏开展省级空间规划试点，宁夏成为继海南之后的第二个省级空间规划改革试点省区。自开展试点以来，宁夏把国土空间规划作为全区"头号改革"全力推动，为全国提供了可复制可推广的"宁夏经验"。

宁夏以主体功能区规划为基础，整合经济社会发展、城乡、国土、环保、林业、交通、农牧、水利 8 类规划，编制完成了自治区、5 个地级市和平罗、泾源、中宁 3 个试点县国土空间规划，初步形成了自治区、市县两级空间规划体系。空间规划将宁夏全域划定为生态、农业、城镇三类空间，明确了生态保护红线、永久基本农田保护红线、城镇开发边界，并以"三区三线"统筹国土空间布局，严格管控开发建设行为。

划定生态保护红线是空间规划的重要内容，是保障和维护生态安全的底线。在宁夏，以黄河及其支流为脉络，以贺兰山、六盘山、罗山为支点，具有特殊重要生态功能、必须强制性严格保护的自然保护区等禁止开发区域，具有水源涵养、生物多样性维护、水土保持、防风固沙等生态功能的重要区域，以及水土流失、土地沙化、盐渍化等生态环境敏感脆弱区域均被划入生态保护红线范围内。目前，宁夏生态保护红线划定工作已走在全国前列。划定生态保护红线是基础，严守是关键。认真贯彻习近平总书记在宁夏考察时

① 王建宏：《宁夏："生态立区"构筑西北绿色屏障》，《光明日报》2017 年 7 月 21 日。

的重要指示精神，落实生态保护红线优先地位，不能越雷池一步，杜绝发生各类破坏生态环境的行为。

（二）护佑"父亲山"

"贺兰山下果园成，塞北江南旧有名。"如果没有贺兰山的巨大山体阻挡沙漠及西北寒流东侵，那么"田开沃野千渠润"的宁夏平原将是另一番景象。贺兰山是一座著名的"煤山"，元代发现并开采煤田，清初有"取之不尽"的记载，20世纪初有"甲天下"的美誉。中华人民共和国成立前，仅仅汝箕沟一带就有近百个小煤窑。1955年起，贺兰山煤田开始被大规模开发，为国民经济发展作出了重要贡献。然而，矿产资源的开发对贺兰山生态环境造成了巨大破坏，特别是2003年扩界划入贺兰山自然保护区的贺兰山北部，开采方式由过去的井工开采改为露天开采，山体的剥离导致自然保护区内生态系统日渐"碎片化"。鲜为人知的是，即使在世界范围内，贺兰山都具有极高的科学、生态和经济价值。由于强大的燕山运动作用，贺兰山拔地而起，形成了巨大的逆掩断层山地，保留了地球形成史一半以上的地质记录，是解读中朝板块地质历史的重要教科书。"万木常笼青嶂日，孤嶂倒映白云天。"贺兰山还是我国北方荒漠地区极为珍贵的集水山地，是青藏高原连接阴山山脉、大兴安岭以至西伯利亚的生物山地廊道，保存着我国北方第四纪生态环境演化的信息。

2016年1月，国家环保部西北环境保护督查中心约谈宁夏有关部门、地市，要求对贺兰山国家级自然保护区内非法人类活动进行清理整顿，对自然保护区内违法违规行为进行严肃查处。同年7月，中央第八环保督察组到宁夏督察，再次聚焦贺兰山自然保护区，并提出严肃整改的要求。自治区立即对贺兰山国家级自然保护区内非法人类活动进行了地毯式排查，确定整治点位169处。但是，由于政策变化、种类繁多、涉及审批部门多、利益错综复杂，这些非法人类活动点的整治难度异常大。自治区党政领导对贺兰山整治的态度十分坚决，多次现场调研、听取汇报、做出批示，要求从政治、战略和全局高度推动贺兰山环境整治工作。并成立由多位副省级以上领导同志参与的整治工作领导小组，对贺兰山自然保护区生态环境开展彻底综合整治。

2017年，自治区投入阶段性整治资金15亿元，169处整治点中，133处工矿、农林牧等设施，已经全部关停退出，其余 36 处旅游、农林牧、殡葬服务、交通道路及管护等设施，进一步规范管理和开展环境综合整治。截至 2018 年年初，已完成自查初验的整治点 44 处，占全部整治点的 26%；已开展生态修复的 25 处，占全部整治点的 14.8%；正在拆除整治的 88 处，占全部整治点的 52.1%。整治工作启动以来，仅石嘴山市就出动 6600 多人次，机械、车辆 4800 余台次，拆除房屋和厂房 1713 间 6 万余平方米，拆除矿石生产机械 400 台（套），平整覆土 280 万平方米。宁夏宣布，今后不再新批准贺兰山自然保护区内任何资源开发项目，不得擅自新建任何旅游设施。自治区决定，构筑包括贺兰山、六盘山、罗山在内的"三山"生态安全屏障，提升生态环境承载能力，形成体系完整、功能完善的绿色生态廊道，再造宁夏发展新优势。

（三）保护"母亲河"

天下黄河富宁夏。宁夏历来唯黄河而存、唯黄河而兴，是唯一全境属于黄河流域的省区。秦渠、汉渠、唐徕渠……这些至今仍流淌在宁夏平原的古渠系，造就了可与埃及尼罗河沿岸绿洲相媲美的引黄灌溉奇迹，使宁夏平原在历史上的大灾之年也旱涝无虞、谷稼殷积。正因如此，在宁夏人民心里，"母亲河"有着不可言说的特殊分量。"万顷清波映夕阳，晚风时骤漾晴光。"中国古人的驭水才能还造就了宁夏独特的湿地生态系统。历史上银川就有"七十二连湖"之美称，明清时期"月湖夕照""汉渠春涨""连湖渔歌"成为西北胜景。自治区党委、政府历来高度重视黄河和湿地保护。10 多年来，通过湿地恢复、水系建设、栖息地修复、湖泊综合整治和能力建设等工程，宁夏湿地面积增加了 30 万亩，是全国为数不多的湿地面积不降反增的省区之一。

保护黄河，意在河，根在岸。多年来，宁夏不断扩大绿色空间、实施节水优先，成为全国首个实行全省域禁牧封育的省区、全国首个实现沙漠化逆转的省区，也成为全国唯一的省级节水型社会示范区，不仅为我国生态建设作出了宁夏贡献，还为全球生态治理体系提供了中国经验。沿黄地区是宁夏自然条件最优越、人文资源最深厚、民生资源最富集的精华地带。未来，全区要着力打造生态优先、绿色发展、产城融合、人水和谐的沿黄生态经济带，限制和转变粗放的发展方式，让"母亲河"永葆健康。2017 年 7 月 4 日，宁夏总河长第一次会议召开。自此，由自治区党委书记担任总河长，自治区主席担任副总河长，区市县乡四级河长负责治水的"首长责任链"开始形成。全区流域面积在 50 平方公里以上的 406 条河流、常年水域面积 1 平方公里以上的 30 个重点湖泊都有了河长，保障和维护黄河安澜有了生命线。全面推行河长制，全区建立水利、国土、农业、环保、发改、财税等部门协同治水的"部门共治圈"，过去"环保不下河，水利不上岸""九龙治水水不治"的尴尬局面将不再继续，而代之以岸下治标、岸上治本，统筹推进山水林田湖草系统治理。

二　贺兰山生态环境整治

2017 年 6 月，宁夏第十二次党代会提出大力实施生态立区战略，主动承担起维护西北乃至全国生态安全的重要使命，打造西部地区生态文明建设先行区；把山水林田湖草作为一个生命共同体，统筹实施一体化生态保护和修复，构筑以贺兰山、六盘山、罗山自然保护区为重点的"三山"生态安全屏障……同年 6 月下旬，自治区人民政府发布《关于依法关停宁夏贺兰山国家级自然保护区内工矿企业及相关设施的通告》。该《通告》指出，自 2017 年 6 月 20 日起，宁夏贺兰山国家级自然保护区内所有开采煤炭、砂石等的工矿企业全部关停退出，并对其进行环境整治和生态修复；保护区内矿产资源开采和建设项目审批停止。全面依法规范旅游、农林牧、殡葬服务、交通道路等生产经营行为，严格经营范围，理清土地权属，完成环境综合整治。[1]

天育物有时，地生财有限，而人之欲无极。人类追求发展的需求和地球资源的有限供给是一对永恒的矛盾，如何化解？这一历史之问，同样是宁夏发展的必答题。千百年来，贺兰山以巍峨的身躯为宁夏平原遮挡风雨，阻拦寒流，阻隔沙漠，为宁夏发展贡献了周身宝藏，被宁夏人民尊称为"父亲山"。然而，在传统"靠山吃山"的粗放发展过程中，满身是宝的贺兰山遭遇无序和野蛮开采，山体被严重破坏，甚至被列入中央环保督察组的"黑名单"。[2]"父"若抱恙，"家"岂安好？2017 年 8 月 22 日，时任自治区党委书记的石泰峰在调研贺兰山生态环境整治情况后指出，贺兰山是宁夏生态的重

① 贾茹、马甜：《关于依法关停宁夏贺兰山国家级自然保护区内工矿企业及相关设施的通告》，宁夏新闻网，2017 年 7 月 1 日。
② 宗时风、海棠、毛雪皎：《宁夏推进贺兰山国家级自然保护区生态环境综合整治纪实》，《宁夏日报》2019 年 5 月 8 日。

要屏障，虽然贺兰山的破坏有历史原因，但是一定要担负起保护贺兰山的历史责任，一定要采取有力举措，加快生态修复步伐，打一场全民保卫战，让贺兰山不再"哭泣"。他还进一步指出，生态环境问题既是一个发展问题、环境问题，更是一个重大政治问题，要从讲政治的高度、从向习近平总书记看齐的高度、从维护党中央权威的高度，清醒认识保护生态、治理污染的极端重要性、紧迫性和艰巨性，牢固树立绿色发展理念，大力实施生态立区战略，打造西部地区生态文明建设先行区，承担起维护西北乃至全国生态安全的重要使命。贺兰山生态环境整治由此成为宁夏实施生态立区战略的一场关键"战事"。

自治区党委、政府高度重视，联合出台治理方案，明确提出"态度要坚决、行动要迅速、措施要精准、责任要压实"。2018年6月5日，时任自治区党委书记的石泰峰又一次来到贺兰山，走进石炭井李家沟、惠农王泉沟、红果子沟、沙巴台、正义关等煤矿采区整治点，调研督查生态环境修复治理情况，指出要再接再厉、持续用力，坚决打赢贺兰山生态保卫战，坚持把贺兰山作为一个整体来保护，无论是自然保护区内还是保护区外，绝不允许进行长期野蛮开采、严重破坏生态。2019年4月16日，他再一次深入贺兰山，走进石炭井炭梁坡煤矿采区、贺兰山西夏区段主佛沟硅石矿采区，查看露天采区整治、矿山修复及生态恢复情况，现场督办贺兰山生态破坏问题整治情况及存在问题，并强调指出，破坏贺兰山就是在毁坏宁夏人民赖以生存的家园，在这个问题上没有讨价还价的余地，必须态度坚决，敢于碰硬。他进一步强调，要算好长远账、经济账和生态账，要把贺兰山作为一个整体来保护，无论是自然保护区内还是保护区外，都绝不允许以露天采矿的方式野蛮破坏山体，要加大生态破坏问题的整治力度；要坚持山水林田湖草是一个生命共同体，加快生态破坏区域的系统化治理、一体化修复，坚决打赢贺兰山生态保卫战，为子孙后代留下绿水青山。自治区主席咸辉到贺兰山整治现场实地调研并多次主持召开政府常务会，强调要以更大力气、更高标准、更严要求做好贺兰山环境保护工作，向中央和全区人民交出负责任的、合格的答卷。

截至2018年年底，贺兰山自然保护区内169处整治点阶段性整治任务全面完成，全部通过自治区阶段性验收并销号。在整治区域内，通过削坡覆土、填埋渣坑、播撒草籽等技术方式，全部进行了生态修复与植被恢复，总生态恢复面积达 5 万亩。整个山体的林草植被恢复任务基本完成，生态环境逐步改善。如今，坡度 30 度以下的整治区域，植被覆盖度达到 50% 左右。"人退出了，野生动物自然就回来了；没有了人类活动干扰，它们像在自己家里一样自然。"（图 8 - 1）2019 年年初，宁夏对贺兰山自然保护区内环境整治工作整体转入巩固提升阶段，一个个山体上的"伤口"被填埋覆土，播撒草种。

整治前、后的神华宁煤集团汝箕沟上一上二采区

整治前、后的贺兰山下黄旗口南果园

岩羊在山间觅食；石鸡漫步山林间

贺兰山下的酸枣树沐浴在春雨中；整治修复后的贺兰山披上绿装

图 8 - 1 贺兰山生态环境整治和生态修复效果图

图片来源：宁夏新闻网，http：//www. nxnews. net/tp/tjxw/201905/t20190508 _ 6283058. html？spm = zm5078 - 001. 0. 0. 1. pohWIT。

第九章　甘肃生态治理的实践

甘肃由于受到特定的地理位置的影响，其表现出来的生态环境问题具有代表性，其生态功能具有不可替代性，在全国生态格局中占有十分重要的位置。如兰州市的水资源污染问题，河西走廊的土地荒漠化以及土地盐渍化问题，陇东黄土高原的水土流失问题，甘南的草场退化问题，大熊猫、金丝猴等野生动物濒临灭绝的问题，甘肃生态环境几乎囊括了所有西部地区所面临的环境问题。

第一节　生态环境状况

甘肃，简称甘或陇，处于黄河、长江的上游，并且位于青藏、黄土、内蒙古三大高原的交汇地带。由于受到自然条件和人类活动的影响，甘肃生态环境问题复杂多样，在西北地区具有一定的典型性。甘肃环境保护和生态建设必须得到足够的重视。

一　水资源短缺严重

甘肃地处我国西北内陆腹地，与海洋相距甚远，使得全省降水稀少，气候干旱，水资源短缺。全省水资源短缺的主要特点是：河西内陆河流域为资源型缺水；黄河流域为资源型缺水、水质型缺水兼而有之；长江流域为工程型缺水。全省水环境污染形势依然较为严峻。全省共统计工业、生活、混合类废污水排污口 248 个，废污水排放量 6.90 亿吨，其中入河排污口 233 个，废污水入河量共计 4.90 亿吨，入河主要污染物中化学需氧量为 2.72 万吨，氨氮为 0.31 万吨。2018 年评价河长 10110.5 公里，其中 I—III 类水质的河长 8441.1 公里，占评价总河长的 83.5%；IV 类水质的河长 287.1 公里，占评价总河长的 2.8%；V 类水质的河长 260.3 公里，占评价总河长的 2.6%；劣 V 类水质的河长 1122.0 公里，占评价总河长的 11.1%。[①]

二 水土流失严重

甘肃土地总面积 42.58 万平方公里，其中省级水土流失重点预防区和重点治理区情况分别见表 9-1、表 9-2。水土流失的类型主要有：水力侵蚀、风力侵蚀、重力侵蚀和冻融侵蚀。在全省水土流失的土地中，陇东黄土高原的水土流失最为严重。陇东黄土高原，处于陕西、宁夏、甘肃的交界处，包括整个庆阳市和平凉市的崇信县、华亭县、泾川县、灵台县，面积 3.84 万平方公里。泾河流域主要流经陇东黄土高原，四面环山，主流域地势呈"簸箕"形，开口方向为关中平原。

表 9-1 　　　　　　　　甘肃省省级水土流失重点预防区

预防区名称	市(州)	县(市、区)	涉及乡(镇、场、站)	乡(镇、场、站)数量(个)	重点预防区面积(平方公里)
		合　计		241	68557
河西走廊省级水土流失重点预防区	酒泉市	金塔县	鼎新镇、航天镇、金塔镇、中东镇、西坝乡	5	978
		敦煌市	阳关镇	1	2256
		瓜州县	柳园镇、锁阳城镇	2	804
	张掖市	甘州区	三闸镇、乌江镇、靖安乡、花寨乡、安阳乡、平山湖蒙古族乡、机关农林场	7	193
		临泽县	平川镇、板桥镇、蓼泉镇、鸭暖镇	4	113
		高台县	城关镇、宣化镇、合黎镇、罗城镇、黑泉镇、巷道镇	6	159
		小　计		25	4503

[①] 甘肃省水利厅：《2018 年甘肃省水资源公报》，http://slt.gansu.gov.cn/xxgk/gkml/nbgb/szygb/201911/t20191111_ 122952.html，2019 年 11 月 11 日。

预防区名称	市(州)	县(市、区)	涉及乡(镇、场、站)	乡(镇、场、站)数量(个)	重点预防区面积(平方公里)
祁连山省级水土流失重点预防区	兰州市	永登县	连城镇	1	130
	张掖市	肃南裕固族自治县	红湾寺镇、皇城镇、大河乡、康乐乡、马蹄藏族乡、白银蒙古族乡、祁丰藏族乡	7	7211
		民乐县	永固镇、南古镇、南丰乡、顺化乡、丰乐乡、六坝林场	6	300
	金昌市	永昌县	新城子镇、南坝乡	2	309
	武威市	天祝藏族自治县	安远镇、炭山岭镇、哈溪镇、赛什斯镇、石门镇、天堂镇、东大滩乡、抓喜秀龙乡、西大滩乡、朵什镇、大红沟乡、毛藏乡、祁连乡、旦马乡、赛拉隆乡	15	4500
	白银市	景泰县	红水镇、正路镇、寺滩乡	3	138
		靖远县	石门乡、双龙乡	2	84
		甘肃中牧山丹马场			1230
	小　计			36	13902
子午岭省级水土流失重点预防区	庆阳市	合水县	老城镇、太白镇、蒿嘴铺乡、店子乡、太莪乡、固城乡	6	2022
		宁　县	湘乐国营林业总场	1	424
		正宁县	西坡乡、三嘉乡、五顷源回族乡	3	531
		华池县	山庄乡、南梁镇、林镇乡	3	780
	小　计			13	3757

续　表

预防区名称	市(州)	县(市、区)	涉及乡(镇、场、站)	乡(镇、场、站)数量(个)	重点预防区面积(平方公里)
陇山省级水土流失重点预防区	平凉市	崆峒区	峡门回族乡、麻武乡、太统林场、土谷堆林场	4	339
		华亭县	西华镇、马峡镇、上关乡、关山林业总场	4	444
		崇信县	新窑镇、五举农场	2	190
		灵台县	百里乡、龙门乡、万宝川农场	3	448
	天水市	张家川回族自治县	马鹿林场、五里牧场、关山林场、白石咀牧场	4	280
		清水县	秦亭镇、山门镇	2	302
	小　计			19	2003
西秦岭北坡省级水土流失重点预防区	天水市	麦积区	东岔镇、麦积镇、三岔镇	3	802
		秦州区	藉源林场	1	70
		甘谷县	古坡乡	1	106
		武山县	杨河乡、龙台镇、温泉镇	3	276
	定西市	岷县	闾井镇、麻子川乡、秦许乡、禾驮乡、申都乡、马坞乡	6	898
		漳县	三岔镇、金钟镇、殪虎桥乡、大草滩乡、石川乡、草滩乡、东泉乡	7	1002
		渭源县	会川林场、五竹林场、莲峰林场	3	242
	临夏回族自治州	积石山保安族东乡族撒拉族自治县	吹麻滩镇、刘集乡、石塬乡、小关乡	4	208
		临夏县	漠泥沟乡	1	57
	甘南藏族自治州	卓尼县	木耳镇、尼巴乡、刀告乡、纳浪乡、康多乡、喀尔钦乡、完冒乡、恰盖乡	8	3797
		临潭县	冶力关镇	1	111
	莲花山风景林自然保护区				93
	太子山自然保护区				743
	小　计			38	8405

续　表

预防区名称	市(州)	县(市、区)	涉及乡(镇、场、站)	乡(镇、场、站)数量(个)	重点预防区面积(平方公里)
陇南山地省级水土流失重点预防区	天水市	麦积区	党川乡、利桥镇	2	1221
		秦州区	娘娘坝镇	1	451
	陇南市	礼　县	洮坪乡、上坪乡	2	504
		徽　县	江洛镇、柳林镇、嘉陵镇、麻沿河乡、高桥乡、榆树乡、大河店乡、虞关乡	8	1817
		两当县	站儿巷镇、西坡镇、杨店乡、左家乡、张家乡、云屏乡、泰山乡、金洞乡	8	1119
		武都区	枫相乡、裕河乡、三仓乡、月照乡、五马乡、龙坝乡	6	965
		康　县	岸门口镇、两河镇、阳坝镇、迷坝乡、店子乡、白杨乡、铜钱乡、三河坝乡	8	1392
		成　县	黄渚镇、王磨镇、镡河乡、二郎乡、宋坪乡	5	625
		西和县	西高山乡、石峡镇、六巷乡、晒经乡、马元镇、太石河乡	6	485
		宕昌县	城关镇、南河乡、何家堡乡、新城子藏族乡、岷江林业总场	5	852
	定西市	岷　县	锁龙乡	1	235
	甘南藏族自治州	迭部县	电尕镇、益哇乡、卡坝乡、达拉乡、尼傲乡、旺藏乡、阿夏乡、多儿乡、桑坝乡、腊子口乡、洛大乡	11	4219
		舟曲县	曲瓦乡、大峪乡、憨班乡、峰迭镇、南峪乡、武坪乡、插岗乡、博峪乡、拱坝乡、曲告纳乡	10	2097
小　计				73	15982

续　表

预防区名称	市（州）	县（市、区）	涉及乡（镇、场、站）	乡（镇、场、站）数量（个）	重点预防区面积（平方公里）
甘南高原省级水土流失重点预防区	甘南藏族自治州	夏河县	王格尔塘镇、阿木去乎镇、拉卜楞镇、桑科乡、甘加乡、达麦乡、麻当乡、曲奥乡、唐尕昂乡、扎油乡、博拉乡、吉仓乡、科才乡	13	5975
		合作市	卡加曼乡、卡加道乡、佐盖多玛乡、勒秀乡、佐盖曼玛乡、那吾乡	6	1844
		玛曲县	尼玛镇、欧拉乡、欧拉秀玛乡、阿万仓乡、木西合乡、齐哈玛乡、采日玛乡、曼日玛乡、河曲马场、大水军牧场、阿孜畜牧站	11	7970
		碌曲县	郎木寺镇、玛艾镇、尕海乡、西仓乡、双岔乡、拉仁关乡、阿拉乡	7	4216
小　计				37	20005

资料来源：《甘肃省人民政府关于划定省级水土流失重点预防区和重点治理区的公告（甘政发〔2016〕59号）》。

表9-2　　　　　　　　甘肃省省级水土流失重点治理区

治理区名称	市（州）	县（市、区）	涉及乡（镇、场、站）	乡（镇、场、站）数量（个）	重点治理区面积（平方公里）
合　计				929	85777
内陆河流域省级水土流失重点治理区	酒泉市	肃州区	银达镇、三墩镇、总寨镇、黄泥堡裕固族乡、铧尖乡、果园镇、上坝镇、下河清乡	8	103
		金塔县	东坝镇、三合乡、大庄子乡、古城乡、羊井子湾乡	5	346
		玉门市	玉门镇、花海镇、柳河镇、黄闸湾镇、下西号镇、六墩乡、柳湖乡、小金湾东乡族乡、独山子东乡族乡	9	195

续　表

治理区名称	市(州)	县(市、区)	涉及乡(镇、场、站)	乡(镇、场、站)数量(个)	重点治理区面积(平方公里)
内陆河流域省级水土流失重点治理区	酒泉市	瓜州县	南岔镇、双塔乡、西湖乡、瓜州乡、广至藏族乡、梁湖乡、布隆吉乡、沙河回族乡、三道沟镇、河东乡、腰站子东乡族乡、七墩回族东乡族乡	12	793
		敦煌市	沙州镇、七里镇、肃州镇、莫高镇、转渠口镇、月牙泉镇、郭家堡镇、黄渠镇	8	1501
		肃北蒙古族自治县	党城湾镇	1	132
		阿克塞哈萨克族自治县	红柳湾镇	1	84
	嘉峪关市		峪泉镇、文殊镇、新城镇	3	167
	张掖市	肃南裕固族自治县	明花乡	1	195
		民乐县	六坝镇、民联乡	2	52
		甘州区	上秦镇、碱滩镇、甘浚镇、明永镇	4	47
		临泽县	新华镇、倪家营镇	2	67
		高台县	新坝镇、骆驼城镇、南华镇	3	220
		山丹县	霍城镇、大马营镇、陈户镇、老军乡	4	99
	金昌市	金川区	宁远堡镇、双湾镇	2	178
		永昌县	城关镇、河西堡镇、朱王堡镇、东寨镇、水源镇、红山窑乡、焦家庄乡、六坝乡	8	163

续　表

治理区名称	市(州)	县(市、区)	涉及乡(镇、场、站)	乡(镇、场、站)数量(个)	重点治理区面积(平方公里)
内陆河流域省级水土流失重点治理区	武威市	古浪县	古浪镇、泗水镇、土门镇、大靖镇、裴家营镇、定宁镇、海子滩镇、黄羊川镇、黑松驿镇、永丰滩镇、民权乡、直滩乡、干城乡、横梁乡、十八里堡乡、古丰乡	16	909
		凉州区	黄羊镇、张义镇、西营镇、丰乐镇、清源镇、新华乡、金山乡、九墩乡、柏树乡	9	365
		民勤县	西渠镇、东湖镇、红沙岗镇、收成乡、苏武镇、大坝乡、大滩乡、夹河乡、双茨科镇、薛百乡、蔡旗乡、昌宁乡、南湖乡、重兴镇	14	2428
小　计				112	8044
黄河干流省级水土流失重点治理区	兰州市	永登县	城关镇、武胜驿镇、中堡镇、河桥镇、红城镇、树屏镇、大同镇、苦水镇、龙泉寺镇、上川镇、坪城乡、民乐乡、通远乡、七山乡、柳树镇	15	3781
		红古区	海石湾镇、花庄镇、平安镇、红古镇	4	408
		西固区	新城镇、达川乡、河口镇、东川镇、柳泉乡、金沟乡	6	206
		七里河区	彭家坪镇、八里镇、西果园镇、阿干镇、魏岭乡、黄峪乡	6	240
		榆中县	城关镇、高崖镇、青城镇、金崖镇、定远镇、甘草店镇、夏官营镇、来紫堡乡、小康营乡、连搭乡、银山乡、马坡乡、新营乡、清水驿乡、龙泉乡、中连川乡、韦营乡、贡井乡、园子乡、上花岔乡、哈岘乡	21	2703
		皋兰县	什川镇、石洞镇、黑石镇、水阜镇、忠和镇、九合镇	6	1756

· 162 ·

续　表

治理区名称	市(州)	县(市、区)	涉及乡(镇、场、站)	乡(镇、场、站)数量(个)	重点治理区面积(平方公里)
黄河干流省级水土流失重点治理区	白银市	靖远县	靖安乡、五合乡、东升乡、兴隆乡、永新乡、北滩镇、若笠乡、大芦乡、高湾乡	9	2644
		白银区	王岘镇、强湾乡、水川镇、四龙镇、武川乡	5	1288
		平川区	王家山镇、水泉镇、共和镇、宝积镇、种田乡、复兴乡	6	1265
		会宁县	会师镇、太平店镇、甘沟驿镇、头寨子镇、郭城驿镇、河畔镇、丁家沟乡、新添堡回族自治乡、翟家所乡、党家岘乡、杨崖集乡、中川镇、侯家川镇、老君坡镇、八里湾乡、柴家门镇、平头川镇、汉家岔镇、韩家集乡、四房吴镇、大沟镇、刘家寨子镇、新塬乡、土门岘乡、新庄塬乡、草滩乡、土高山乡、白草塬镇	28	4753
		景泰县	一条山镇、喜泉镇、芦阳镇、中泉镇、五佛乡	5	1661
	临夏回族自治州	积石山保安族东乡族撒拉族自治县	吹藏镇、居集镇、大河家镇、寨子沟乡、柳沟乡、中咀岭乡、关家川乡、安集乡、胡林家乡、徐扈家乡、郭干乡、银川乡、铺川乡	13	314
		临夏县	马集镇、韩集镇、新集镇、土桥镇、莲花镇、尹集镇、麻尼寺沟乡、刁祁乡、漫路乡、掌子沟乡、营滩乡、红台乡、井沟东乡族乡、榆林乡、民主乡、黄泥湾乡、路盘乡、北塬乡、坡头乡、安家东乡族乡、先锋乡、桥寺乡、河西乡、南塬乡	24	521
		临夏市	枹罕镇、南龙镇、折桥镇、城郊镇	4	22
		东乡族自治县	河滩镇、锁南镇、春台乡、柳树乡、东塬乡、北岭乡、龙泉乡、考勒乡、董岭乡	9	315

163

治理区名称	市(州)	县(市、区)	涉及乡(镇、场、站)	乡(镇、场、站)数量(个)	重点治理区面积(平方公里)
黄河干流省级水土流失重点治理区	临夏回族自治州	永靖县	刘家峡镇、盐锅峡镇、太极镇、西河镇、三塬镇、岘塬镇、陈井镇、川城镇、王台镇、红泉镇、关山乡、徐顶乡、三条岘乡、坪沟乡、新寺乡、小岭乡、杨塔乡	17	1598
	定西市	安定区	凤翔镇、内官营镇、巉口镇、称钩驿镇、鲁家沟镇、西巩驿镇、宁远镇、李家堡镇、团结镇、香泉回族镇、符家川镇、葛家岔镇、白碌乡、石峡湾乡、新集乡、青岚山乡、高峰乡、石泉乡、杏园乡	19	2668
	武威市	天祝藏族自治县	松山镇、东坪乡	2	148
		古浪县	新堡乡	1	104
小　计				200	26395
泾河流域省级水土流失重点治理区	庆阳市	西峰区	肖金镇、董志镇、后官寨镇、彭原镇、温泉镇、什社乡、显胜乡	7	587
		庆城县	驿马镇、庆城镇、马岭镇、卅铺镇、玄马镇、赤城乡、桐川乡、太白梁乡、土桥乡、蔡口集乡、高楼乡、南庄乡、翟家河乡、蔡家庙乡、白马铺乡	15	1845
		合水县	西华池镇、何家畔镇、板桥镇、吉岘乡、段家集乡、肖嘴乡	6	416
		宁　县	新宁镇、平子镇、早胜镇、长庆桥镇、和盛镇、湘乐镇、新庄镇、盘克镇、米桥乡、良平乡、中村镇、太昌乡、焦村镇、南义乡、瓦斜乡、金村乡、九岘乡、春荣乡	18	1207
		正宁县	宫河镇、永和镇、山河镇、榆林子镇、永正镇、湫头镇、周家镇	7	401

续 表

治理区名称	市(州)	县(市、区)	涉及乡(镇、场、站)	乡(镇、场、站)数量(个)	重点治理区面积(平方公里)
泾河流域省级水土流失重点治理区	庆阳市	环 县	环城镇、曲子镇、甜水镇、木钵镇、天池乡、演武乡、合道镇、樊家川乡、八珠乡、洪德镇、耿湾乡、秦团庄乡、山城乡、南湫乡、罗山川乡、虎洞镇、小南沟乡、车道乡、毛井镇、芦家湾乡、四合原旅游开发办公室	21	7519
		华池县	柔远镇、悦乐镇、元城镇、乔川乡、五蛟乡、怀安乡、白马乡、王咀子乡、上里塬乡、城壕镇、桥河乡、紫坊畔乡	12	1952
		镇原县	城关镇、屯字镇、临泾镇、孟坝镇、太平镇、平泉镇、三岔镇、上肖乡、南川乡、新城乡、中原乡、郭塬乡、马渠乡、武沟乡、开边镇、庙渠乡、方山乡、新集乡、殷家城乡	19	2441
	平凉市	崆峒区	四十里铺镇、白水镇、草峰镇、大秦回族乡、白庙回族乡、香莲乡、柳湖镇、花所乡、索罗乡、安国镇、寨河回族乡、大寨回族乡、上杨回族乡、西阳回族乡	14	879
		泾川县	城关镇、玉都镇、高平镇、荔堡镇、王村镇、窑店镇、汭丰乡、罗汉洞乡、泾明乡、红河乡、飞云镇、太平乡、丰台镇、党原镇、张老寺农场	15	860
		灵台县	中台镇、邵寨镇、独店镇、什字镇、朝那镇、西屯镇、梁原乡、新开乡、蒲窝乡、上良镇、星火乡	11	669
		华亭县	东华镇、安口镇、砚峡乡、河西乡、策底镇、神峪回族乡、山寨回族乡	7	328
		崇信县	锦屏镇、柏树镇、黄寨乡、黄花乡、木林乡	5	400
小 计				157	19504

续　表

治理区名称	市(州)	县(市、区)	涉及乡(镇、场、站)	乡(镇、场、站)数量(个)	重点治理区面积(平方公里)
渭河流域省级水土流失重点治理区	平凉市	庄浪县	水洛镇、南湖镇、朱店镇、万泉镇、韩店镇、大庄乡、阳川镇、岳堡乡、杨河乡、赵墩乡、柳梁乡、卧龙镇、良邑乡、南坪乡、通化乡、永宁乡、盘安镇、郑河乡	18	1005
		静宁县	城关镇、威戎镇、界石铺镇、李店镇、八里镇、城川镇、司桥乡、曹务乡、古城镇、双岘乡、雷大镇、余湾乡、仁大镇、贾河乡、深沟乡、治平乡、新店乡、甘沟镇、四河乡、红寺乡、细巷乡、三合乡、原安乡、灵芝乡	24	1325
	天水市	麦积区	社棠镇、马跑泉镇、甘泉镇、渭南镇、花牛镇、中滩镇、新阳镇、元龙镇、伯阳镇、石佛镇、五龙乡、琥珀镇	12	717
		清水县	永清镇、红堡镇、白驼镇、金集镇、白沙乡、松树乡、王河镇、远门乡、土门乡、郭川镇、贾川乡、丰望乡、草川铺乡、陇东乡、黄门镇、新城乡	16	921
		张家川回族自治县	张家川镇、龙山镇、恭门镇、刘堡乡、张棉乡、胡川乡、木河乡、大阳乡、川王乡、马关镇、连五乡、梁山乡、平安乡、闫家乡、马鹿镇	15	766
		秦安县	兴国镇、西川镇、陇城镇、莲花镇、郭嘉镇、千户镇、王窑镇、安伏镇、刘坪乡、云山乡、王尹镇、中山乡、兴丰镇、叶堡镇、魏店镇、王铺乡、五营乡	17	1163
		甘谷县	六峰镇、大像山镇、新兴镇、磐安镇、安远镇、金山镇、八里湾乡、西坪乡、大庄镇、大石镇、礼辛镇、谢家湾乡、武家河镇、白家湾乡	14	1066

治理区名称	市(州)	县(市、区)	涉及乡(镇、场、站)	乡(镇、场、站)数量(个)	重点治理区面积(平方公里)
渭河流域省级水土流失重点治理区	天水市	武山县	城关镇、鸳鸯镇、洛门镇、滩歌镇、四门镇、马力镇、桦林镇、高楼乡、山丹镇、沿安乡、榆盘镇、咀头乡	12	1234
		秦州区	玉泉镇、太京镇、藉口镇、皂郊镇、关子镇、中梁镇	6	612
	定西市	渭源县	清源镇、五竹镇、莲峰镇、路园镇、北寨镇、新寨镇、锹峪乡、大安乡、秦祁乡	9	828
		陇西县	巩昌镇、文峰镇、首阳镇、菜子镇、碧岩镇、马河镇、通安驿镇、福星镇、云田镇、和平乡、永吉乡、渭阳乡、宏伟乡、德兴乡、权家湾乡、双泉乡、柯寨镇	17	1996
		通渭县	平襄镇、马营镇、鸡川镇、榜罗镇、常河镇、义岗镇、陇阳乡、陇山乡、陇川乡、新景乡、碧玉乡、襄南乡、李店乡、什川乡、三铺乡、华岭乡、寺子乡、北城乡	18	2491
		漳　县	武阳镇、新寺镇、盐井乡、马泉乡、四族乡、武当乡	6	386
小　计				184	14510
洮河流域省级水土流失重点治理区	定西市	渭源县	会川镇、麻家集镇、庆坪乡、祁家庙乡、上湾乡、峡城乡、田家河乡	7	504
		临洮县	洮阳镇、八里铺镇、新添镇、辛店镇、太石镇、中铺镇、峡口镇、龙门镇、窑店镇、玉井镇、衙下集镇、南屏镇、红旗乡、上营乡、康家集乡、站滩乡、漫洼乡、连儿湾乡	18	2088

续　表

治理区名称	市(州)	县(市、区)	涉及乡(镇、场、站)	乡(镇、场、站)数量(个)	重点治理区面积(平方公里)
洮河流域省级水土流失重点治理区	临夏回族自治州	岷　县	岷阳镇、蒲麻镇、西寨镇、梅川镇、西江镇、十里镇、茶埠镇、中寨镇、清水乡、寺沟乡、维新乡	11	1142
		广河县	城关镇、祁家集镇、三甲集镇、齐家镇、庄禾集镇、买家巷镇、水泉乡、官坊乡、阿力麻土东乡族乡	9	311
		和政县	城关镇、三合镇、三十里铺镇、马家堡镇、买家集镇、松鸣镇、新营乡、新庄乡、罗家集乡、陈家集乡、梁家寺乡、卜家庄乡、达浪乡	13	349
		康乐县	附城镇、苏集镇、胭脂镇、景古镇、莲麓镇、八松乡、鸣鹿乡、上湾乡、草滩乡、八丹乡、康丰乡、白王乡、流川乡、五户乡、虎关乡	15	372
		东乡族自治县	那勒寺镇、达板镇、唐汪镇、坪庄乡、百和乡、关卜乡、赵家乡、五家乡、果园乡、沿岭乡、汪集乡、风山乡、车家湾乡、高山乡、大树乡	15	524
	甘南藏族自治州	卓尼县	柳林镇、扎古录镇、阿子滩乡、申藏乡、勺哇土族乡、藏巴哇乡、洮砚乡	7	164
		临潭县	城关镇、新城镇、术布乡、古战回族乡、卓洛回族乡、长川回族乡、羊永乡、流顺乡、洮滨乡、店子乡、三岔乡、王旗乡、羊沙乡、石门乡、八角乡	15	428
小　计				110	5882

治理区名称	市（州）	县（市、区）	涉及乡（镇、场、站）	乡（镇、场、站）数量（个）	重点治理区面积（平方公里）
嘉陵江上游省级水土流失重点治理区	甘南藏族自治州	舟曲县	城关镇、大川镇、巴藏乡、立节镇、坪定乡、江盘乡、东山乡、果耶乡、八楞乡	9	126
	天水市	秦州区	汪川镇、牡丹镇、平南镇、天水镇、秦岭乡、杨家寺镇、华岐乡、齐寿镇、大门镇	9	606
	陇南市	宕昌县	哈达铺镇、理川镇、官亭镇、沙湾镇、南阳镇、阿坞乡、木耳乡、庞家乡、八力乡、贾河乡、将台乡、车拉乡、临江铺乡、韩院乡、兴化乡、好梯乡、甘江头乡、两河口乡、新寨乡、竹院乡、狮子乡	21	1720
		文县	城关镇、碧口镇、尚德镇、中寨镇、铁楼藏族乡、丹堡乡、刘家坪乡、玉垒乡、范坝乡、中庙乡、口头坝乡、尖山乡、临江镇、梨坪乡、舍书乡、桥头镇、堡子坝乡、石坊乡、石鸡坝镇、天池乡	20	2697
		武都区	城关镇、安化镇、东江镇、两水镇、汉王镇、角弓镇、马街镇、三河镇、甘泉镇、鱼龙镇、洛塘镇、琵琶镇、城郊乡、坪垭藏族乡、蒲池乡、石门乡、汉林乡、柏林镇、马营镇、池坝乡、佛崖乡、黄坪乡、隆兴乡、龙凤乡、桔柑乡、磨坝藏族乡、外纳镇、玉皇乡、郭河乡、五库乡	30	1831
		两当县	城关镇、鱼池乡、显龙乡、兴化乡	4	49
		康县	平洛镇、大堡镇、城关镇、云台镇、长坝镇、太石乡、周家坝镇、望关乡、寺台乡、大南峪乡、豆坝乡、碾坝镇、王坝镇	13	525
		成县	城关镇、抛沙镇、小川镇、红川镇、店村镇、纸坊镇、沙坝镇、黄陈镇、陈院镇、鸡峰镇、索池乡、苏元乡	12	431

治理区名称	市(州)	县(市、区)	涉及乡(镇、场、站)	乡(镇、场、站)数量(个)	重点治理区面积(平方公里)
嘉陵江上游省级水土流失重点治理区	陇南市	徽 县	城关镇、伏家镇、泥阳镇、永宁镇、银杏树乡、水阳乡、栗川乡	7	269
		西和县	汉源镇、长道镇、何坝镇、姜席镇、洛峪镇、石堡乡、西峪镇、苏合乡、卢河乡、兴隆乡、稍峪乡、十里乡、大桥镇、蒿林乡	14	828
		礼 县	城关镇、盐官镇、石桥镇、白河镇、宽川镇、永兴镇、祁山镇、马河乡、红河镇、永坪镇、固城乡、崖城乡、罗坝镇、湫山乡、江口乡、雷王乡、龙林镇、中坝镇、沙金乡、桥头乡、草坪乡、雷坝镇、王坝镇、肖良乡、三峪乡、滩坪乡、白关乡	27	2360
小 计				166	11442

资料来源:《甘肃省人民政府关于划定省级水土流失重点预防区和重点治理区的公告(甘政发〔2016〕59号)》。

甘肃省水土流失重点预防区由河西走廊、祁连山、子午岭、陇山、西秦岭北坡、陇南山地、甘南高原7个区块组成,涉及48个县级行政单位和3个独立区,共221个乡镇、20个农林牧场(站)。重点预防区面积68557平方公里,占全省土地总面积的16.10%。

甘肃省水土流失重点治理区由内陆河、黄河干流、泾河、渭河、洮河、嘉陵江上游6个区块组成,涉及79个县级行政单位,共928个乡镇和1个农场。重点治理区面积85777平方公里,占全省土地总面积的20.14%。

三 土地荒漠化严重

甘肃省第五次荒漠化和沙化监测结果表明:截至2014年,全省荒漠化土地面积1950.20万公顷,比2009年第四次荒漠化土地面积减少19.14万公顷。总体上,全省荒漠化土地面积呈减少趋势,程度呈减轻趋势,荒漠化扩展的态势得到了进一步遏制。①

（一）监测区范围

土地荒漠化监测范围涉及干旱、半干旱和亚湿润干旱区 3 个气候类型区，包括 10 个市（州）的 37 个县（市、区），详见表 9－3，监测区域面积 2530.34 万公顷，占全省土地总面积的 59.4%。

表 9－3　　　　　　　　甘肃省土地荒漠化监测范围表

市（州）	县（市、区）	数量
酒泉市	肃州区、金塔县、玉门市、瓜州县、肃北县、阿克塞县	7
嘉峪关市	嘉峪关市	1
张掖市	甘州区、临泽县、高台县、山丹县、民乐县、肃南县	6
金昌市	永昌县、金川区	2
武威市	凉州区、民勤县、古浪县、天祝县	4
白银市	景泰县、靖远县、平川区、白银区、会宁县	5
兰州市	城关区、七里河区、西固区、红古区、安宁区、榆中县、永登县	8
临夏州	永靖县	1
庆阳市	环县	1
定西市	安定区、临洮县	2
合　计		37

资料来源：《甘肃省第五次荒漠化和沙化监测情况公报》。

（二）荒漠化现状

截至 2014 年，全省荒漠化土地面积 1950.20 万公顷，占监测区面积的

———————————

①　甘肃省林业厅：《甘肃省第五次荒漠化和沙化监测情况公报》，《甘肃日报》2016 年 6 月 16 日。

77.1%，占全省土地总面积的45.8%。

1. 各气候类型区荒漠化现状。干旱区荒漠化土地面积1018.20万公顷，占荒漠化土地总面积的52.2%；半干旱区荒漠化土地面积669.58万公顷，占荒漠化土地总面积的34.3%；亚湿润干旱区荒漠化土地面积262.41万公顷，占荒漠化土地总面积的13.5%（图9-1）。

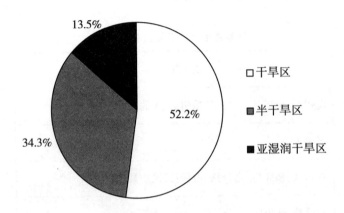

图9-1 甘肃省各气候类型区土地荒漠化分布示意图

2. 荒漠化类型现状。风蚀荒漠化土地面积1584.42万公顷，占荒漠化土地总面积的81.2%；水蚀荒漠化土地面积278.93万公顷，占荒漠化土地总面积的14.3%；盐渍化荒漠化土地面积71.83万公顷，占荒漠化土地总面积的3.7%；冻融荒漠化土地面积15.03万公顷，占荒漠化土地总面积的0.8%（图9-2）。

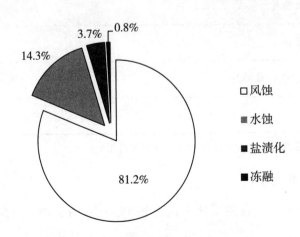

图9-2 甘肃省土地荒漠化类型分布示意图

3. 荒漠化程度现状。轻度荒漠化土地面积 325.82 万公顷，占荒漠化土地总面积的 16.7%；中度荒漠化土地面积 657.72 万公顷，占荒漠化土地总面积的 33.7%；重度荒漠化土地面积 303.28 万公顷，占荒漠化土地总面积的 15.6%；极重度荒漠化土地面积 663.38 万公顷，占荒漠化土地总面积的 34.0%（图 9 - 3）。

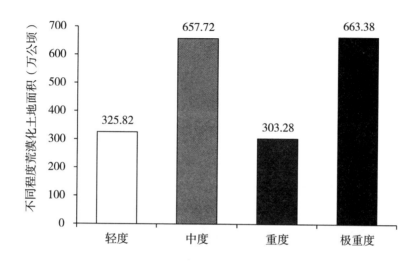

图 9 - 3　甘肃省不同程度荒漠化土地面积

（三）荒漠化动态

1. 各市（州）荒漠化动态变化。与 2009 年相比，全省 10 个市（州）荒漠化土地面积全部减少。其中，酒泉市减少 7.87 万公顷，兰州市减少 2.94 万公顷，白银市减少 2.69 万公顷，武威市减少 2.11 万公顷，张掖市减少 1.97 万公顷，金昌市减少 1.45 万公顷，定西市减少 406.7 公顷，嘉峪关市减少 397.2 公顷，庆阳市减少 106.8 公顷，临夏州减少 98.4 公顷（图 9 - 4）。

2. 荒漠化类型动态变化。与 2009 年相比，风蚀荒漠化土地面积减少 11.98 万公顷，水蚀荒漠化土地面积减少 5.98 万公顷，盐渍化荒漠化土地面积增加 602.3 公顷，冻融荒漠化土地面积减少 1.24 万公顷（图 9 - 5）。

3. 荒漠化程度动态变化。与 2009 年相比，轻度荒漠化土地面积增加 11.07 万公顷，中度荒漠化土地面积增加 5.67 万公顷，重度荒漠化土地面积增加 13.56 万公顷，极重度荒漠化土地面积减少 49.43 万公顷（图 9 - 6）。

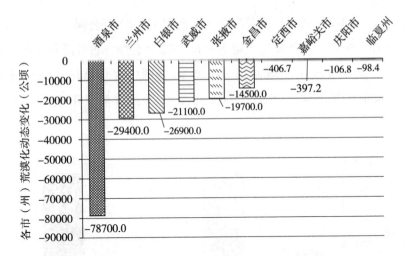

图9-4 甘肃省各市（州）土地荒漠化动态变化

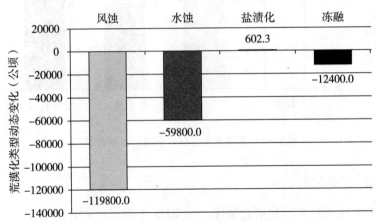

图9-5 甘肃省土地荒漠化类型动态变化

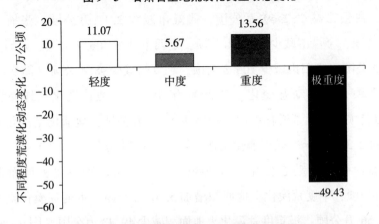

图9-6 甘肃省不同程度土地荒漠化动态变化

（四）荒漠化趋势

甘肃省第五次荒漠化监测结果显示，全省荒漠化土地面积由 2009 年的 1969.33 万公顷减少到 2014 年的 1950.20 万公顷，5 年内减少 19.14 万公顷。从类型上看，风蚀、水蚀和冻融荒漠化呈减少趋势，盐渍化荒漠化呈相持增加趋势。总体上，全省荒漠化土地面积呈减少趋势，土地荒漠化扩展的态势得到进一步遏制。从程度上看，轻度、中度和重度荒漠化土地呈增加趋势，五年间共增加 30.30 万公顷，极重度荒漠化土地减少 49.43 万公顷，荒漠化程度总体在减轻。

四 草地退化严重

甘肃省有天然草原 1790 万公顷，占全省土地总面积的 39.4%，占全国草地面积的 4.6%，其中可利用面积 1607 万公顷，占全省草原总面积的 89.7%。甘肃地跨东部季风区、西北干旱区和青藏高寒区三大自然区，决定了全省天然草原分布空间跨度大，过渡性明显，类型多样，区系复杂，牧草种类成分丰富，地域差异性显著和生态脆弱等特点。[①] 近些年来，全省草地退化严重，草原生态问题凸显，草原生态系统服务功能降低，影响着区域经济社会的持续健康发展。

以甘南为例，甘南藏族自治州位于青藏高原东北部边缘与黄土高原、秦岭山地过渡地带，是黄河、长江上游的重要生态屏障。全州总面积 4.5 万平方公里，其中天然草原面积 4150 万亩，有草场 7 个大类 29 个型。海拔从 1300 米到 4950 米的梯度高差和多样的气候类型造就了甘南州丰富的草原生态系统。甘南州草原生态状况的好坏，直接关系着甘肃乃至国家整体的生态安全。草原生态系统退化不仅包括植被群落盖度发生变化，还包括优势植物物种发生变化，牧草品质和产量下降，物种多样性的流失，进而影响到生态系统的结构和功能。甘南州草原退化主要有四个类型[②]：

[①] 甘肃省林业和草原局：《甘肃省草原资源概况及生态监测》，http：//lycy.gansu.gov.cn/content/2019-04/72818.html，2019 年 4 月 2 日。
[②] 甘肃省林业和草原局：《省草原总站对甘南州草原退化现状组织调查》，http：//lycy.gansu.gov.cn/content/2019-08/76098.html，2019 年 8 月 16 日。

一是毒杂草型退化草地。特征为草地质量持续下降，优质牧草比例减少，毒杂草的种类、数量增加，草地健康状况恶化，生态系统发生逆向演替。据统计，甘南州毒害草面积约608万亩，占草场总面积的14.9%。近几年，夏河县桑科镇、合作市佐盖多玛和佐盖曼玛草原上的黄花棘豆种群数量有所增长，种群分布呈扩大蔓延态势。橐吾类毒草主要是黄帚橐吾和箭叶橐吾，分布在夏河县、玛曲县和碌曲县过度放牧的草原，还成为局部地区草原优势种类。狼毒大部分呈零散分布，合作市、碌曲县和夏河县呈明显扩大态势。甘肃马先蒿在碌曲县、夏河县、合作市局部地区成片生长。醉马草集中分布在夏河县甘加乡，零散分布在临潭、合作和舟曲部分地区。

二是沙化型退化草地。由于地表植被遭到破坏、地面沙被风力移动形成沙丘，沙丘上基本无植物生长。据统计，甘南州有沙化草原约80万亩，主要分布在玛曲县，其中流动沙丘5.17万亩，沙化草原74.83万亩。根据退化草原生态修复项目区实际，采取了围栏封护、机械整地、铺设草方格沙障、大规模容器苗与裸根苗造林、科学施肥与病虫害防治、林地抚育与管护等综合治理措施。2013—2018年，累计治理沙化草地面积达82708亩，占沙化总面积的10.34%，剩余面积71.7万亩。

三是"黑土滩"型退化草地。其基本特征是植被总盖度≤50%，或区域内黑土斑的面积之和≥20%。2008年，甘南州"黑土滩"草地总面积约400万亩，其中玛曲县130万亩，碌曲县88万亩，夏河县107万亩，卓尼县55万亩，合作市20万亩。截至2019年，已治理"黑土滩"面积227.15万亩，占"黑土滩"总面积的56.8%。目前，"黑土滩"治理大都以快速恢复植被的盖度和生物量为基本出发点，主要涉及自然恢复、人工快速恢复和植被重建3种方式。

四是鼠虫害型退化草地。草原鼠害主要分布在夏河县桑科乡居乎沟，卓尼县完冒乡沙冒多，碌曲县郎木寺镇贡巴波海，玛曲县尼玛乡秀玛、欧拉乡欧强及河曲马场局部地区。分布于甘南草原的害鼠群落有4种：高原鼢鼠群落、高原鼠兔群落、高原鼠兔＋高原鼢鼠群落、喜马拉雅旱獭＋高原鼢鼠群落。这些群落主要分布在海拔3000—3600米之间，植被类型多为嵩草＋黄帚橐吾＋杂草类型、嵩草＋珠芽蓼型、嵩草＋禾草＋杂类草型、细株短柄草＋

嵩草＋杂类草型。鼠害发生面积795万亩，其中重度危害面积189万亩，中度危害面积324万亩，轻度危害面积282万亩。2018年，鼠害防治面积54.9万亩，重度危害草原面积明显下降，从189万亩下降到169万亩。2018年，甘南州虫害发生面积约为121万亩，危害种类主要有草原毛虫和蝗虫，主要分布在碌曲县尕海乡、郎木寺镇，玛曲县采日玛乡、曼日玛乡，夏河县甘加镇、河曲马场等地。

甘南州高寒草地退化是多种自然因素和人为因素共同作用的结果，但最主要还是人为干扰的结果，特别是超载过牧、过度利用威胁最大。

第二节　生态治理实践

一　张掖市创建国家生态文明建设示范市

2019年年初，张掖市创建国家生态文明建设示范市工作已经完成规划审批和动员部署，进入资料收集阶段。2019年，张掖市全力推动国家生态文明建设示范市创建工作，紧紧围绕生态制度、生态环境、生态空间、生态经济、生态生活、生态文化六大板块重点任务，重点实施146个工程项目，总投资284.79亿元。通过实施山水林田湖草、"一园三带"生态示范工程，打好大气、水、土壤三大污染防治攻坚战，持续推进循环农业、文化旅游、中医中药、通道物流、清洁能源、先进制造等特色优势产业，巩固提升生态扶贫产业，实施乡村振兴战略，改善人居环境，倡导绿色生活，弘扬生态文化，推动全市生态意识不断加强，生态文明建设不断深入，生态经济系统不断完善。[①] 2019年11月16日，中国生态文明论坛年会在湖北省十堰市召开。张掖市被生态环境部授予第三批国家生态文明建设示范市称号。近年来，市委、市政府高度重视环境保护和经济社会发展，牢固树立绿水青山就是金山银山的理念，统筹推进"国家生态文明建设示范市"创建工作，使得张掖生态环境不断改善，人居环境不断提升，"塞上江南"名副其实，金张掖这座千年古

---

① 范海瑞：《张掖全力创建国家生态文明建设示范市》，《甘肃日报》2019年4月30日。

城焕发出新的蓬勃生机。具体措施如下①：

（一）完善制度，扎实推进生态文明建设

张掖市委、市政府以习近平新时代中国特色社会主义思想为指引，始终把贯彻落实习近平生态文明思想、习近平总书记视察甘肃重要讲话和指示精神作为重大政治任务，牢固树立以生态文明建设促进经济社会高质量发展的理念，坚持把良好生态打造为城市最大的优势和品牌，深入推进生态文明示范市创建工作，积极推进重点生态功能区产业负面清单，建立健全国土空间用途管制制度，把祁连山和黑河湿地保护区、水源地一级保护区等国家级、省级禁止开发区域以及其他各类保护地划入生态保护红线范围，采取分区域管控、分类别审批的环境准入制度，构筑起国土空间布局体系的"骨架"和"底盘"，最大限度地保护重要生态空间。先后出台了《祁连山国家公园体制试点建设实施方案》《张掖市国家生态文明建设示范市研究报告》《张掖市国家生态文明建设示范市规划》等。目前，张掖市生态环境质量不断改善，全市环境空气优良天数比例逐年增加，空气质量连续三年排名全省前列，达到国家二类环境空气质量标准。地表水环境质量水质类别均为Ⅱ类，城市集中式饮用水水质达标率100%，水质持续保持良好。在全省生态文明建设年度评价中，张掖绿色发展指数、生态保护指数和公共满意程度均位居全省第三。已累计创建国家级生态乡镇21个、国家级生态村3个，省级生态乡镇53个、省级生态村21个，位居全省第一。

同时，建立健全生态环境保护长效机制，制定印发《张掖市环境保护宣传教育办法》《张掖市健全生态保护补偿机制的实施意见》，修订完善《张掖市生态文明建设目标评价考核办法》，实行生态文明绩效评价考核"一票否决"制度，初步建立起多元化补偿机制，并先后成立祁连山林区法院、林区检察院，建立公安、环保、林业、水务、国土等多部门联动执法机制，健全完善联席会议、会商处置和案件移送制度，实行最严格的生态环保执法监管。

（二）狠抓整改，全面改善生态环境质量

把祁连山生态环境问题整改作为全市最紧迫、最重大的政治任务，全面

---

① 《绿水青山金不换——张掖市创建国家生态文明建设示范市纪实》，《张掖日报》2019 年 11 月 19 日。

推进祁连山生态环境问题整改整治。至 2019 年，负责整改的 171 项问题全面完成现场整治任务，核心区 149 户农牧民搬迁工作全面完成，黑河湿地自然保护区 222 项问题全部整改到位。顺利实施湿地湖泊生态环境保护项目、湿地保护与治理、转移转产项目，完成投资 4.7 亿元，全面启动祁连山、黑河湿地两个国家级自然保护区"两转四退四增强"行动计划，成功申报获批总投资 52.6 亿元的山水林田湖草生态保护修复项目，实施矿山环境治理恢复、黑河沿岸防护林、黑臭水体治理等 56 项工程。将祁连山国家公园生态修复和黑河生态带、交通大林带、城市绿化带"一园三带"作为加强生态建设、开展国土绿化的示范性工程，拟通过 3 年时间，在祁连山国家公园内实施 120 万亩"三化"草地生态治理修复项目和 30 万亩的营造林工程；完成共计 50 万亩的黑河生态带、交通大林带、城市绿化带的造林绿化任务。

深入开展以控煤控烟控尘、改炕改灶改暖为重点的大气污染专项治理，以消除城市黑臭水体为重点的水污染专项治理，以实现达标排放为目标的企业污染专项治理，以农药、化肥、塑料薄膜减量化为重点的土壤污染专项治理，全面实行"河长制""湖长制"，扎实开展全域无垃圾示范创建工作。建立节能管理制度体系，健全目标责任评价、考核和奖惩制度，加大"六大领域"节能管理，将总量减排指标完成情况纳入各县区、各部门经济社会发展综合评价体系，实行减排工作问责制和"一票否决"制，建立循环经济统计评价指标体系和考核体系，建立水资源管理制度考核体系和用水总量、用水效率、水功能区纳污"三条红线"控制指标体系，持续强化资源节约和制度监管。与高分甘肃中心等单位合作，构建集卫星遥感、地面监测、数据集成、比对分析、异常预警、常态监管为内容的"一库八网三平台"生态环境监测网络，形成天上看、地上查、网上管的立体化生态环境监管格局，实现对全市环境质量、重点污染源、生态环境状况的监测全覆盖，提高重点流域、重点区域、重要生态功能区和自然保护区环境风险预警与处置能力，有效维护祁连山和黑河全域生态安全。

（三）优化结构，推动生态产业高质量发展

始终坚持绿色发展、循环发展、低碳发展理念，深入推进绿色生态产业高质量发展，着力构建节能生态产业体系。大力发展绿色生态产业，目前全市绿色有机生产基地、标准化农产品基地、无公害农产品基地分别达 21 万亩、317 万亩、248 万亩，"三品一标"产品达 209 个，加快建设总面积 12.7 万亩的戈壁农业产业带。大力推广"三元双向"农业循环模式，促进种植业、养殖业、菌业产生的废料在三个产业间双向转化，已形成 100 万亩玉米制种、80 万亩蔬菜、100 万头奶肉牛、6 万吨食用菌产业规模。重点实施一批生态工业项目，以 2 个省级高新技术产业开发区、4 个省级工业园区的"2＋4"园区为基本载体，加快发展以水电、风电、光电等为重点的新能源产业，以钨钼合金、复合建筑材料等为重点的新材料产业。

巩固提升"双创示范"成果，2018 年张掖"双创示范"工作获国务院和省政府通报表扬，张掖入选《半月谈》"2018 十佳最具绿色投资价值城市"和《环球时报》"2018 中国最具投资吸引力城市"，高台县获评全省唯一的全国创新型县。着力推动旅游与文化、体育、医养等相关产业深度融合。坚持以创建全省旅游文化体育医养融合发展示范区为目标，做靓做响地貌景观大观园、暑天休闲度假城、丝绸之路古城邦、户外运动体验区、西路军魂传承地"五张名片"，着力打造丝绸之路黄金旅游线重要旅游目的地、中国西部区域游客集散中心和国际特色休闲度假名城，旅游产业呈现"井喷"发展之势。2018 年，全市接待游客突破 3000 万人次，张掖旅游成为推动转型发展最活跃、最有力的因素。

二　八步沙林场"六老汉"三代人治沙造林

（一）八步沙林场

八步沙林场位于甘肃省古浪县境内，地处河西走廊东端、中国第四大沙漠——腾格里沙漠的南缘（图 9-7）。据说，一百多年前，这里只有八步宽的沙口子，所以叫作"八步沙"。还有一种说法是，这里的沙子又细又软，人踩上去，脚就陷入沙子里了，只能一步一挪地艰难"跋涉"，所以也叫"跋步沙"。过去，这里风沙肆虐、黄沙蔓延，沙丘以 10 米/年的速度向南推移，侵害着周边 10 多个村庄、2 万多亩农田，严重影响着当地 3 万多人民的农业生产、生活以及干武铁路、省道 308 线的交通安全。当地村民有个形象的说法："沙丘向着村庄跑，每年逼近七八米，压田地，埋庄稼，'一夜北风沙骑墙，早上起来驴上房'……"

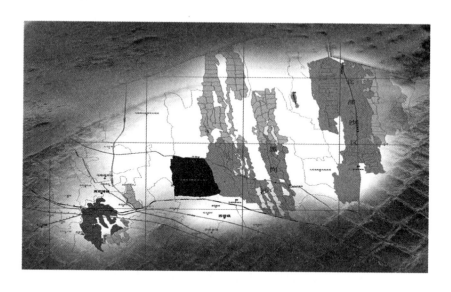

图9－7　八步沙林场及治理沙区位置示意图

图片来源：《八步沙六老汉三代人传奇》，《中国绿色时报》，2019年6月27日。

　　1981年，随着国家"三北"防护林体系建设工程的启动和实施，在土门公社当过大队支书或生产队干部的当地6位农民郭朝明、贺发林、石满、罗元奎、程海、张润元（第一代治沙人）不甘心将世代生活的家园拱手相让，决定向沙漠挺进。他们在合同书上摁下红指印，以联户承包的形式组建了八步沙集体林场，承包治理7.5万亩流沙。他们献了自身献子孙，一代接着一代干，被称为八步沙"六老汉"。

　　（二）治沙造林事迹

　　古浪县是全国荒漠化重点监测县之一，境内沙漠化土地面积达到239.8万亩，风沙线长达132公里。[①] 1981年，作为三北防护林前沿阵地，古浪县着手治理荒漠，在八步沙试行"政府补贴、个人承包，谁治理、谁拥有"政策。治理寸草不生的沙漠谈何容易！即使政府有补贴，不知多少年后才会有"收益"。政策出台后，应者寥寥。"多少年了，都是沙赶着人跑。现

---

　　① 韦德占：《甘肃古浪县三代人治沙造绿洲37年"沙土"变"沙金"》，http://gs.ifeng.com/a/20180510/6565781_0.shtml，2018年5月10日。

在，我们要顶着沙进。治沙，算我一个！"漪泉大队56岁的老支书石满第一个站了出来。紧接着，同大队的贺发林，台子大队的郭朝明、张润元，和乐大队的程海，土门大队的罗元奎积极响应。他们以联户承包的形式，组建八步沙集体林场，投身治沙造林。他们6人所在村庄都紧挨着八步沙，相距不过三四公里。

按照计划，第一年先治1万亩。6个老汉跑遍了附近和邻县的林场，只解决了一部分树苗，剩下的怎么办？最后，他们在自家承包地上种上了树苗。6个家庭40多口人全部上阵，在浩瀚大漠里栽下一棵棵小树苗。到了来年春天，树苗成活率竟然达到七成，"开始我们高兴极了，没想到几场风沙过后，活下来的树苗连三成都不到"。造林不见林，"六老汉"心急如焚。"只要有活的，就说明这个沙能治！""六老汉"没有灰心，转而采用"一棵树，一把草，压住沙子防风掏"的办法，树苗成活率得以提高。沙漠离家远，为了省时间，"六老汉"吃住都在八步沙。张润元说，每人带点面粉、干馍馍和酸菜，用几块石头支起锅。更艰苦的是没有住处。沙地上挖一个深坑，上面用木棍撑起来，再盖一帘茅草。这个当地人叫作"地窝子"的深坑，就是"六老汉"的家。

经过10余年苦战，"六老汉"用汗水浇绿了4.2万亩沙漠。八步沙的树绿了，"六老汉"的头白了。1991年、1992年，贺老汉、石老汉先后离世。后来，郭老汉、罗老汉也相继离世。如今，当初的"六老汉"中，四人走了，两人老了干不动了。组建林场之初，"六老汉"就约定，无论多苦多累，每家必须出一个后人，把八步沙治下去。为了父辈的嘱托，石银山、贺中强、郭万刚、罗兴全、程生学、张老汉的女婿王志鹏相继接过了父辈治沙的接力棒，成了八步沙第二代治沙人。现在，郭万刚的侄子郭玺等第三代人已加入治沙行列，守护八步沙的未来。

近年来，随着国家对生态治理力度加大，具有丰富治沙经验的第二代八步沙治沙人承担了更多的治沙任务。现任八步沙林场场长郭万刚，当年被父亲郭朝明"逼"着回家治沙。当时，他在土门供销社上班，端的是"铁饭碗"，父亲要他回来治沙时，郭万刚极不情愿："治理几万亩沙漠，那是你们几个农民干的事？能治过来吗？""身在曹营心在汉"的郭万刚，直到1993年

5月5日，才打消了回供销社上班的念想。"那天我正和罗老汉一起巡沙，中午地上突然就起了'黄浪'，有50多厘米厚。罗老汉有经验，告诉我要跳着走，哪怕拔得稍微浅一点，就被沙尘暴埋住了。"郭万刚回忆说。在沙漠中迷失方向的罗老汉和郭万刚，直到深夜才摸回家。从那之后，郭万刚一门心思扑在造林上。昏倒在树坑旁的贺发林，被送到医院时，已是肝硬化晚期。弥留之际，当着老伙计们的面，贺发林安排后事。"娃娃，爹这一辈子没啥留给你的，这一摊子树，你去种吧。"他对儿子贺中强说。石满老汉生前被评为全国治沙劳动模范，去世时年仅62岁。他的儿子石银山说："父亲临终前叮嘱，不要埋到祖坟，祖坟前有个沙包，挡着他看林子。要埋在八步沙旁，看着我们继续治沙。"

沙漠里栽树，三分种、七分管，管护是重中之重。八步沙地区在20世纪50年代、70年代曾集体植过树，但都因为无人管护而前功尽弃。"树栽上以后，草长得好，有人偷着放牧和割草，好不容易种下的草和树，一夜之间就会被附近村民的羊毁坏。"张润元说，"我们就每天早上和晚上挡着不让牲口进去，几乎整宿不睡觉地看护，甚至很多天顾不上回家。"为了护林，郭万刚、石银山曾连续6个春节在沙漠中度过。程生学现在看护的，仍然是父亲当年亲手栽下的树。"面积将近2万亩，骑摩托车转一圈，至少4个小时。"

林场要发展，就不能只守摊子。2003年，八步沙7.5万亩治沙造林任务完成后，八步沙第二代治沙人主动请缨，将治沙重点转向远离八步沙林场25公里的黑岗沙、大槽沙、漠迷沙三大风沙口。截至2015年，他们累计完成治沙造林6.4万亩，封沙育林11.4万亩，栽植各类沙生苗木2000多万株。"治理区内，柠条、花棒、白榆等沙生植被郁郁葱葱。"郭万刚说。黑岗沙等地治理完成后，"六老汉"的后人继续向距离八步沙80公里的北部沙区进发，开始治理那里的15.7万亩荒漠。同时，八步沙林场还先后承包了国家重点生态工程等项目，并承接了干武铁路等植被恢复工程，"我们带领周边群众共同参与治沙造林，不仅壮大了治沙队伍，也增加了农民收入，带领更多的贫困户脱贫致富奔小康。"郭万刚说。

（三）治沙造林成效

20世纪90年代以来，贺中强、石银山、罗兴全、郭万刚、程生学、王志鹏陆续接过老汉们的铁锹，成为第二代治沙人。2017年，郭朝明的孙子郭玺加入林场，成为第三代治沙人。38年来（1981—2019年），以"六老汉"为代表的八步沙林场三代治沙人，矢志不渝、拼搏奉献，科学治沙、绿色发展，持之以恒地推进治沙造林事业，硬是把寸草不生的荒漠变成了绿洲。截至2019年，通过乔、灌、草结合，封、造、管并举等措施，"六老汉"及其后人累计治沙造林21.7万亩，管护封沙育林草37.6万亩，栽植各类沙生植物3040多万株，用愚公移山精神生动书写了从"沙逼人退"到"人进沙退"的绿色篇章，为生态环境治理作出了重要贡献（图9-8）。

图9-8　八步沙林场治沙造林效果图

图片来源：《甘肃有个"六老汉"——记八步沙林场三代人治沙造林先进群体》，《人民画报》，2019年4月9日。

2019年3月29日，中央宣传部授予甘肃省古浪县八步沙林场"六老汉"三代人治沙造林先进群体"时代楷模"称号（图9-9）。广大干部群众认为，"六老汉"三代人治沙造林先进群体是"绿水青山就是金山银山"理念的忠实践行者，是荒漠变绿洲的接续奋斗者，他们的事迹引人思考、催人奋进。林业草原系统广大干部职工表示，要深入学习贯彻习近平生态文明思想，坚持绿色发展理念，大力弘扬"三北精神"，以"六老汉"三代人治沙造林先进群体为榜样，驰而不息、久久为功，不断巩固和发展祖国绿色生态屏障，

促进人与自然和谐共生，为建设美丽中国、实现中华民族永续发展作出新的
更大贡献。①

图9-9　八步沙林场"六老汉"三代人治沙造林先进群体"时代楷模"

图片来源：http://www.greenchina.tv/news-35202.xhtml。

"植草木者国之富也，不植草木者国之贫也。"八步沙林场成立至今，在
不毛之地的腾格里沙漠建起了绿色防沙带和绿色产业带，实现了沙漠变绿洲、
绿洲变金山的转变。如今的八步沙林场，历经"六老汉"三代人38年的坚
守，已从昔日寸草不生的沙漠，变成了当地群众增收致富的"金山银山"，吸
引了越来越多的游客和参观者前来参观学习。2018年以来，八步沙"六老
汉"治沙纪念馆已经接待游客和参观者超过20万人次，天蓝、山青、水碧正
成为八步沙、古浪县乃至武威市绿色发展的一抹新亮色，八步沙林场已成为
"绿水青山就是金山银山"的生动实践样板。②

---

① 《中央宣传部授予"六老汉"三代人治沙造林先进群体"时代楷模"称号》，《人民日报》
2019年3月30日第4版。

② 金奉乾：《[美丽中国　生态甘肃　打好污染防治攻坚战——走进古浪县八步沙林场主题采
访] 奏响生态文明建设的"甘肃最强音"》，每日甘肃网，2019年11月22日。

绿色在八步沙不断延展。2020 年，八步沙林场治沙准备朝着机械化、网络化的方向发展。计划完成治沙造林 2 万亩，补植补造 5000 亩，完成通道绿化工程栽植树木 1 万株。新的规划中，八步沙林场打算将黄花滩移民区产业持续做大做强，将梭梭嫁接肉苁蓉、枸杞、红枣，发展经济林、培育各种沙生苗木 1000 万株，将溜达鸡产量增加 5000 只到 1 万只，争取早日带动当地群众脱贫致富。①

---

① 伏润之：《八步沙林场的新期待》，《甘肃日报》2020 年 1 月 19 日。

第十章 青海生态治理的实践

第一节 生态环境状况

青海因境内有国内最大的内陆咸水湖——青海湖而得名，简称青，是我国西北五省区之一，地处青藏高原东北部，介于东经89°35′—103°04′，北纬31°09′—39°19′之间。全省土地面积72.23万平方公里，位居我国省区第四。青海境内山脉高耸，地形多样，河流纵横，湖泊棋布，全省平均海拔3000米，其中4000—5000米地区占全省总面积的54%。北面祁连山矗立，南面唐古拉山峙立，巍巍昆仑横贯中部，西部是柴达木盆地，北部和西北部为山岭谷地，南部为青南高原，东部为河湟谷地。青海河流众多，是长江、黄河、澜沧江的发源地，被誉为中华水塔。境内大小湖泊2043个，水体总面积13213.8平方公里。青海大部分地区为高原山地，属于高原大陆性气候，冬季寒冷干燥，夏季温和多雨。但是，青海生态环境脆弱、自然灾害频发，生态环境问题随之凸显。特别是，三江源地区位于青海省南部，是我国生态环境保护的关键地区，是国家生态安全的制高点和平衡点，对国家生态安全具有无法替代的重要战略地位。因此，加强青海生态环境保护、建设，推进生态环境治理体系和治理能力现代化，具有十分重要的现实意义。

一 生态环境质量①

(一) 水环境质量

2018年，长江干流、黄河干流、澜沧江干流、黑河干流、青海湖流域、湟水流域及柴达木内陆河流域共设61个水质监测断面，其中60个监测断面水质达到水环境功能目标，比例为98.4%。Ⅰ—Ⅲ类水质断面53个，比例为86.9%，同比上升了2.2%；Ⅳ类水质断面7个，比例为11.5%，同比上升了4.7%；Ⅴ类水质断面1个，比例为1.6%，同比下降了3.4%（图10-1）。地表水整体水质稳中向好。

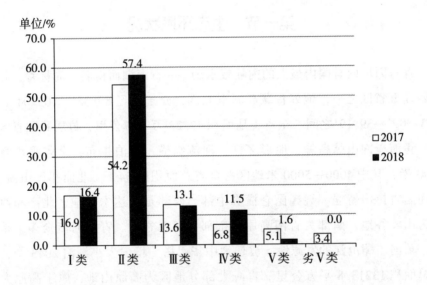

图10-1　2017—2018年青海地表水监测断面水质类别比例图

数据来源：《2018年青海省生态环境状况公报》。

全省13个市州级、40个县级城市（镇）集中式生活饮用水水源地（地下水水源地30个、地表水水源地23个）水质达到Ⅲ类以上，水质状况优良。

(二) 环境空气质量

全省环境空气质量达标天数比例为90.9%（94.6%＊，"＊"数据为剔

---

① 《2018年青海省生态环境状况公报》，《青海日报》2019年6月5日。

除沙尘天气影响后的数据，下同），同比下降 1.5 个百分点，环境空气中六项污染因子平均浓度均达到二级标准，除细颗粒物（$PM_{2.5}$）同比无变化外，其余五项污染因子同比均有所下降。

表 10-1　　　　　　　　青海省环境空气质量　　　　　　（浓度单位：μg/m³）

项目 年度	PM_{10}	PM_{10}^*	$PM_{2.5}$	$PM_{2.5}^*$	SO_2	NO_2	CO (mg/m³)	O_3	达标天数（天）	达标天数（天）*	达标天数比例（%）	达标天数比例（%）*
2017 年	67	60	30	29	20	22	1.6	133	324	326	92.4	94.7
2018 年	70	59	31	29	17	21	1.5	132	317	319	90.9	94.6
同比（%）	↑ 4.5	↓ 1.7	↑ 3.3	0	↓ 15	↓ 4.5	↓ 6.3	↓ 0.8	↓ 2.2	↓ 2.1	↓ 1.5	↓ 0.1

数据来源：《2018 年青海省生态环境状况公报》。

（三）声环境质量

1. 城市区域声环境质量状况

西宁市区域声环境平均等效声级 50.0dB（A），同比下降 3.8dB（A），区域环境质量等级为"好"。海东市（平安区）区域声环境平均等效声级 48.2dB（A），同比下降 7.2dB（A），区域环境质量等级为"好"。海西州（格尔木市）区域声环境平均等效声级 57.1dB（A），同比上升 1.0dB（A），区域环境质量等级为"一般"。

2. 城市建成区噪声平均等效声级比较

表 10-2　　　　　　　城市建成区噪声平均等效声级

监测年度	城市名称	网格边长（M）	网格总数（个）	L10 dB（A）	L50 dB（A）	L90 dB（A）	LEQ dB（A）	质量等级
2017 年	西宁市	375	224	55.0	49.6	46.0	53.8	较好
2018 年		375	224	51.9	47.2	43.9	50.0	好

监测年度	城市名称	网格边长（M）	网格总数（个）	L10 dB（A）	L50 dB（A）	L90 dB（A）	LEQ dB（A）	质量等级
2017 年	海东市平安区	1000	7	56.9	48.6	45.3	55.4	一般
2018 年		1000	7	50.2	45.0	41.4	48.2	好
2017 年	海西州格尔木市	1000	107	56.7	50.0	47.7	56.1	一般
2018 年		1000	107	55.6	46.2	40.3	57.1	一般

数据来源：《2018 年青海省生态环境状况公报》。

3. 道路交通声环境质量状况

西宁市主要交通干道声环境平均等效声级 65.8dB（A），同比下降 3.6dB（A），交通环境质量等级为"好"。海东市（平安区）主要交通干道声环境平均等效声级 61.5dB（A），同比降低 4.6dB（A），交通环境质量等级为"好"。海西州（格尔木市）主要交通干道声环境平均等效声级 62.3dB（A），同比上升 3.1dB（A），交通环境质量等级为"好"。

4. 城市功能区声环境

西宁市 1 类功能区（居住区）全年声环境昼间不达标，夜间达标率为50%；2 类功能区（商业区）声环境昼间达标率为 100%，夜间达标率为50%；3 类功能区（工业区）声环境昼间、夜间均达标；4 类功能区（交通沿线）声环境昼间达标率为 13%，夜间不达标。

总体上，全省生态环境状况总体保持稳定。通过生物丰度、植被覆盖、水网密度、土地胁迫、污染负荷指数综合评价，全省县域生态环境以"良"为主；与 2017 年相比，各县生态环境状况指数变化幅度在 - 0.02—1.86 之间，生态环境状况稳中向好。全省 41 个国家重点生态功能区生态环境质量考核县域中，生态环境状况为"良"的县域 33 个、"一般"的县域 7 个、"较差"的县域 1 个。与 2017 年相比，41 个县域生态环境状况指数的变化幅度在- 0.02—1.86 之间，重点生态功能区县域生态环境状况稳中向好。

二　生态环境问题

(一) 草场退化，沙化加剧

青海省草地面积占全省土地面积的 60.47%，占全国草地总面积的 10.72%，仅次于新疆维吾尔自治区、内蒙古自治区和西藏自治区，居全国第四位，是重要的草地畜牧业区之一。① 近些年来，由于受到自然灾害和病虫害以及人为因素的影响，青海省中度以上退化草场约占草地总面积的五分之一。特别在冬季，草原退化现象尤为严重。"毒草"和"杂草"型的草地退化亦较严重。同时，草场沙漠化程度加重，面积扩大。导致草场沙漠化主要有两方面原因：一是过度放牧。天然草场资源有限，随着畜牧业的不断发展，家畜数量亦不断增加，草场生态压力随之增大，有的放牧草场压力已经超过其承载能力，导致荒漠化现象越发严重。并且，对于一些沙质草原来说，植被比较低矮，地表长期裸露，过度放牧导致牲畜践踏裸露的地表，加上风蚀现象严重，加剧了荒漠化进程。二是植被破坏严重。由于一些人的环保意识较差，自然植被遭受破坏，而且随着人口增加，能源消耗亦增加，人们通常会选择滥伐树木，导致土地荒漠化严重，对牧草生长造成威胁。②

(二) 冰川退缩，冻土退化

近年来，随着全球气候逐渐变暖，青海高原大多数冰川已经出现退缩的趋势。作为长江源头的主要水源供给区域，处于青藏高原重要腹地的格拉丹东冰川变化对于长江中上游地区的水资源状况以及生态环境具有极其重要的影响。冻土退化改变了植物的生长环境，直接影响和制约植物的演变，进而加速草场退化的步伐。

在气候变暖和人类活动的综合影响下，青藏高原发生冰川退缩、冻土退化。近年来，祁连山岗纳楼冰川、岗格尔肖合力冰川、八一冰川面积和冰储量均略有退缩，面积分别减少了 3.2%、6.0%、3.2%，冰储量分别减少了

---

① 夏连琪：《青海率先在全国试点推进"草长制"建立最严格的草原生态环境保护制度》，《中国环境报》2020 年 4 月 15 日。
② 孙长宏：《青海省实施草原生态保护补助奖励机制中存在的问题及探讨》，《黑龙江畜牧兽医》2013 年第 4 期。

3.6%、5.9%、3.8%；季节性冻土下限抬升，年最大冻土深度变小，冻土退化相对明显；2019 年大通河年径流量为 30.07 亿立方米，与近十年平均年径流量基本持平。[①]

（三）水土流失加剧

由于青海降水少并且集中，造成本省土质疏松；加之，人们为了发展自身的经济利益，不断地从自然环境中挖掘资源，导致生态环境每况愈下，致使青海省水土流失呈现加剧的趋势。

全省的水土流失面积为 3340 万公顷，占全省土地总面积的 46%，其中土地沙漠化的区域 1787.1 万公顷，占全省水土流失面积的 53.5%，在水土流失的面积中，中度以上的损害为 1180 万公顷，占水土流失面积的 35.5%。

近年来，青海省全省每年新增水土流失面积 21 万公顷，并且呈现加剧的趋势。由于水土流失而造成土壤贫瘠，每年流失氮、磷、钾肥约达 23 万吨以上，全省水库每年损失水量为 200 万—300 万立方米。全省水土流失强度较大的地区分布在黄河流域和湟水河流域的海东农业区，该地区的水土流失面积为 750 万公顷，占全省水土流失面积的 22.5%。由于长江流域植被条件相对较好，因此土壤侵害较黄河少，侵蚀面积达 660 万公顷，占全省水土流失面积的 31.7%。内陆河流域的水土流失面积为 1520 万公顷，占全省水土流失面积的 42.5%。风沙侵蚀、冻融侵蚀是造成水土流失的主要方式。

（四）湖泊和湿地缩小

近年来，除了的冰川、冻土退缩，青海省的湖泊和湿地面积也逐步出现缩小状况，湖泊与湿地的破坏主要表现为湖泊面积不断缩小、河流逐渐内流化以及盐碱化情况严重。如：面积 600 平方公里的赤布张湖已经分割为 4 个串状的湖泊；面积 450 平方公里的乌兰乌拉湖已经被分割成 5 个小湖泊。在青海省湖泊盐碱化也是比较严重并且常见的现象。甚至，一些当地的群众直接将部分湖泊当作采盐场，对环境的破坏不能阻挡。我国最大的内陆咸水湖青海湖的水位出现明显下降趋势，一些干流、支流也由过去的外流变成内流河。

---

① 孙睿、文思睿：《祁连山三大冰川面积和冰储量均略有退缩》，中国新闻网，2020 年 4 月 10 日。

第二节 生态治理实践

2016 年 8 月 24 日，习近平总书记视察青海时强调，生态环境保护和生态文明建设，是我国持续发展最为重要的基础。青海最大的价值在生态、最大的责任在生态、最大的潜力也在生态，必须把生态文明建设放在突出位置来抓，尊重自然、顺应自然、保护自然，筑牢国家生态安全屏障，实现经济效益、社会效益、生态效益相统一。

一 青海绿色产业发展

青海环境资源很丰富，生态地位极端重要而又极端脆弱。所以，选择绿色发展，既符合青海实际，也是我们建设中华民族伟大复兴生态屏障的需要，又是我们转变发展方式、加速青海发展的战略选择。青海发展绿色经济的条件得天独厚。[①]

绿色产业是青海最有发展潜力的产业，也是青海建设现代化经济体系的根基。在青海发展的道路上，绿色无疑是最靓丽的底色。那么，青海该怎样打好绿色产业的四张牌？2019 年 8 月 7 日，在"一带一路"（青海）国际生态产业发展论坛上，与会领导、专家学者给出了答案。青海省委副书记、省长刘宁表示，青海地处世界屋脊青藏高原，千山堆绣、百川织锦，区位特殊、资源富集，祁连山、巴颜喀拉山、阿尼玛卿山、唐古拉山等山脉横亘东西，长江、黄河、澜沧江等江河绵延千里，水电、太阳能、风能等清洁能源发展潜力巨大。青海独特的地理气候条件造就了气势磅礴、辽阔壮丽之美，多样的高原生态环境赋予了蓬勃活力、旺盛生命之美，久远的历史文化积淀构成了绚烂多姿、人杰地灵之美，让青海成为生态产业发展的理想之地。生态文明、绿色发展已成为青海的鲜明标识和青海各族人民共同的价值追求。生态兴则文明兴，生态衰则文明衰。进入新时代，开放的青海坚定绿色可持续发展方向，着力打好盐湖资源综合利用、清洁能源发展、特色农牧业发展、文

[①] 强卫：《我眼中的青海——在青海大学的演讲》，《光明日报》2010 年 10 月 21 日第 10 版。

化旅游产业发展四张牌，努力打造柴达木、三江源、祁连山、环青海湖、河湟地区等五大生态板块，加快推进国家公园示范省、国家清洁能源示范省、绿色有机农畜产品示范省建设，努力在绿色发展上迈出新步伐，加快生态价值向人文价值、经济价值、生活价值和品牌价值的转变，为维护国家生态安全、建设美丽中国、积极构建人类命运共同体作出新的更大贡献。这是刘宁省长就青海绿色产业发展给出的标准答案。青海省副省长刘涛则认为，特殊的生态功能、敏感的生态环境、不可替代的生态战略地位，让青海扛起了维护国家乃至世界生态安全的神圣使命。近年来，在创新、协调、绿色、开放、共享的新发展理念引领下，在三江源生态保护和建设、生态文明先行示范区创建、三江源国家公园体制试点等国家级战略工程的推动下，生态文明建设在保障全省经济平稳较快发展的同时，有效促进了全省经济结构调整和特色产业发展。刘涛表示，绿色产业是青海经济发展的重要支撑，也是青海未来高质量发展的重要载体，期望在青海战略新兴产业、高原特色现代生态农牧业、生态保护产业发展方面，能够开展国际性交流互鉴和携手合作，以此加快推进青海以清洁能源、新能源、新材料、特色生物资源开发和电子信息为重点的战略新兴产业发展，推动青海走出一条农业与牧业循环、规模经营与品牌效益兼得、三次产业融合发展的特色生态农牧业发展之路，推动青海以碳汇农业、碳汇林业为重点的碳汇产业发展。国务院发展研究中心资源与环境政策研究所所长、研究员高世楫表示，加快市场导向的绿色产业，以绿色创新推动绿色发展，已经成为一种大趋势。在这一点上，青海无疑已经走在了前列。①

"十三五"时期，青海积极发展循环经济，在资源节约、综合利用和清洁生产方面取得成效。随着基础设施日趋完善，全省已形成新型材料、新型建材、清洁能源、装备制造、特色生物加工，纯碱、镁、硅工业，矿物资源循环利用等特色产业，循环经济产业体系初见端倪。青海水能、太阳能、风能等绿色能源优势明显，为绿色产业的发展提供了绿色能源供给。"十三五"以来，新能源、新材料、生物医药等新兴绿色产业完成投资 1263.2 亿元，占全省一般性工业投资的 79.9%，盐湖化工、有色冶金、光伏制造、新材料、特

---

① 张扬：《青海绿色产业如何打好四张牌》，《海东时报》2019 年 8 月 14 日。

色消费品 5 个优势产业工业增加值总量规模已超过 500 亿元，占全省规模以上工业增加值近 60%，成为带动全省工业转型升级的主导产业。作为生态地位极其重要和资源富集的青海，奋力推进"一优两高"战略部署，在新起点上推动国家循环经济发展先行区建设，实施试验区建设、资源综合利用、清洁能源生产消费、生产方式绿色化、制度体系建设五大工程，以及园区循环化改造、工业资源综合利用产业基地建设、资源循环利用产业示范基地建设、资源循环利用技术创新、"互联网＋"资源循环、绿色消费促进六大行动。同时加强制度、要素、人才及服务等方面保障，确保 2020 年如期建成国家循环经济发展先行区，推动全省循环经济发展再创新境界、更上新台阶。此外，青海还在建设集中废水处理再生利用、固体废物回收处置等设施工程，推进污水和固体废物处理处置和资源化利用。推进园区循环改造，基本构建形成盐湖化工、油气化工、金属冶金、煤炭综合利用、新能源、新材料等多产业纵向延伸、横向融合的循环经济产业体系，循环经济将成为青海经济转型的重要引擎。①

"绿水青山就是金山银山"，青海正在用自己的经济发展路径诠释这句话的真正意义。如果用一个颜色定义青海经济发展，那必定就是"绿色"。青海农牧业发展是"绿色"的。地处世界屋脊，被公认为全球四大无公害、超净区之一，地位特殊、生态重要，海拔 3000 米以上的牧区占全省总面积的96%，天然草地面积 0.36 亿公顷，为发展绿色有机农牧业提供了得天独厚的条件。手握优势并以此为基础，青海加快有机肥替代化肥农药减量增效行动，启动牦牛藏羊追溯体系建设，加大残膜回收力度，不断提升畜禽养殖废弃物资源化利用水平……绿色发展理念已附着在农牧业生产的每一个环节。"纯天然、无污染"逐渐与青海画上了等号，并且叫响全国。青海工业发展是"绿色"的。继 2017 年"绿电 7 日"，2018 年"绿电 9 日"后，2019 年"绿电15 日"继续创新实践。在一次次刷新世界纪录的同时，"绿电"标志着青海工业产品将成为真正意义上的"绿能产品"。近年来，以绿色能源为引领，青海工业逐渐铺陈出"绿色"的主基调。新能源、新材料、生物医药等新兴绿色产业异军突起。此外，全省企业节能技术的创新、改造，清洁化生产技术

---

① 范程程：《绿色成为青海省工业发展底色》，《西海都市报》2019 年 6 月 3 日。

的开发都走在了全国前列。"傻大粗黑"的时代已经一去不复返了，"绿色高效"才是今天青海工业的代名词。青海的旅游发展是"绿色"的。2019年青海旅游人次突破5000万大关。是什么叫响了青海旅游？是什么吸引众多游客前来？是有如蓝宝石般的青海湖、如镜面般的茶卡盐湖，还是有如仙境般的三江之源……是，但也并不全是，这里的自然景观独一无二，但是生态保护的理念已浸润在江源百姓的心中，生态美好更是引来四方宾朋。正如省旅游企业家喇海清所说，在青海发展旅游不需要多少人为设施的插入，将自然保护好，呈现最原生态的东西就是最好的景致。今天的青海经济，从一产到二产再到三产，"绿色"已贯穿始终。事实证明，"绿色"是青海的底色，是最靓最具价值的颜色。①

全省各市州将进一步提高对工业绿色发展重要性、紧迫性的认识，破解发展绿色产业的难点难题，营造发展绿色产业的良好环境，进一步巩固绿色发展成果。因地制宜，抓好工业绿色发展。加大政策创新，强化规划引导，保障要素供给，全力打好盐湖资源综合利用、清洁能源、特色农牧业、文旅产业"四张牌"，部署好工业绿色发展工作，大力发展特色优势产业，着力构建绿色制造体系。务求实效，避免同质化竞争。绿色产业发展事关全局，决定着高质量发展、高品质生活的水平。各市州结合当地实际，严格落实"一优两高"战略部署，规划好"十四五"工业绿色发展重点，优化布局，推进协同发展，避免同质化竞争，努力开创全省绿色产业发展新局面。②

二 三江源国家公园创建

在推进生态文明建设、实现生态治理体系和治理能力现代化的进程中，建立国家公园体制是设定资源消耗上限、划定生态保护红线、严守环境质量底线，构建国土空间生态安全格局的重大举措，是整合现有保护地类型，形成科学统一、与国际接轨的保护地体系的强大动力。建立国家公园体制，对本国具有代表性的生态系统、自然资源及景观、文化遗产等予以重点、有效保护，已成为国际社会的趋势。建立国家公园体制，将在理念、体制及行动

---

① 毕峤：《"绿色"是青海经济发展的永续动力》，《青海日报》2020年1月19日第11版。
② 范程程：《青海省努力开创绿色产业发展新局面》，《西海都市报》2019年10月18日。

三方面带动生态治理现代化，助力生态文明建设。作为我国第一个国家公园体制试点，三江源国家公园的建设着力突破原有体制的藩篱，解决"九龙治水"和监管执法碎片化问题，构建归属清晰、权责明确、监管有效的生态保护管理体制机制，为我国其他国家公园试点建设树立标杆与基准。[①] 同时，三江源国家公园是美丽中国建设的宏伟篇章，是展现中国形象的重要窗口，是中国为全球生态安全作出贡献的伟大行动，是道路自信、理论自信、制度自信和文化自信的具体体现。建立三江源国家公园有利于创新体制机制，破解"九龙治水"体制机制藩篱，从根本上实现自然资源资产管理与国土空间用途管制的"两个统一行使"；有利于实行最严格的生态保护，加强对"中华水塔"、地球"第三极"和山水林田湖草重要生态系统的永续保护，筑牢国家生态安全屏障；有利于处理好当地牧民群众全面发展与资源环境承载能力的关系，促进生产生活条件改善，全面建成小康社会，形成人与自然和谐发展新模式。[②] 美丽而神秘的三江源，地处青藏高原腹地，是长江、黄河、澜沧江的发源地，素有"中华水塔""亚洲水塔"之称（图 10 - 2）。作为我国重要的生态安全屏障和高原生物种质资源库，其保护价值对全国乃至全球都具有重大意义。

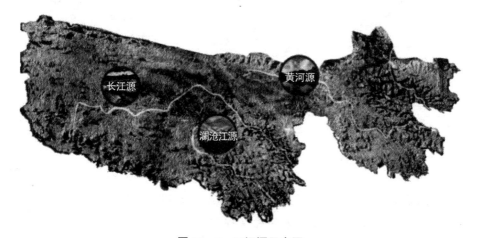

图 10 - 2 三江源示意图

图片来源：三江源国家公园管理局。

---

① 吴平：《国家公园：奏响生态治理现代化新乐章》，《中国经济时报》2016 年 11 月 28 日第 5 版。
② 国家发展和改革委员会：《美丽风景：三江源国家公园总体规划呈现》，http：//cloud. tencent. com/developer/news/11338，2018 年 1 月 12 日。

2016 年 3 月，中共中央办公厅、国务院办公厅印发《三江源国家公园体制试点方案》，拉开了中国建立国家公园体制实践探索的序幕。我国第一个国家公园、世界上面积最大的国家公园体制试点应运而生。三江源国家公园试点区域总面积 12.31 万平方公里，涉及治多、曲麻莱、玛多、杂多四县和可可西里自然保护区管辖区域，共 12 个乡镇、53 个行政村（图 10－3）。区域内有著名的昆仑山、巴颜喀拉山、唐古拉山等山脉，逶迤纵横，冰川耸立。这里平均海拔 4500 米以上，雪原广袤，河流、沼泽与湖泊众多，面积大于 1 平方公里的湖泊有 167 个。①

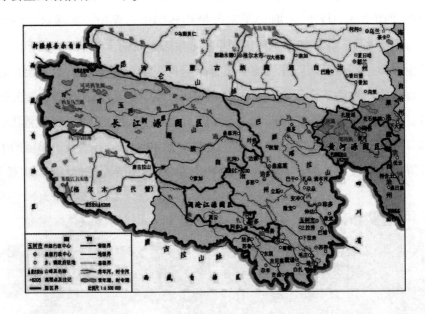

图 10－3　三江源国家公园行政区划图

图片来源：三江源国家公园总体规划。

经国务院同意，2018 年 1 月 12 日，国家发展和改革委员会正式印发《三江源国家公园总体规划》（以下简称《规划》），标志着三江源国家公园建设步入全面推进阶段。按照"生态立省"战略部署，"像保护眼睛一样保护好生态"是青海各族人民肩负的最重要使命。对《规划》解读②如下：

---

①　三江源国家公园管理局：《三江源国家公园概况》，http://sjy.qinghai.gov.cn/parkList? id＝2。
②　国家发展和改革委员会：《三江源国家公园总体规划》，http://www.gov.cn/xinwen/2018－01/17/content_ 5257568.htm，2018 年 1 月 12 日。

　　《规划》遵循生态系统整体保护、系统修复理念，以一级功能分区明确空间管控目标，以二级功能分区落实管控措施。一级功能分区将整个国家公园园区划分出核心保育区、生态保育修复区、传统利用区。在一级功能分区基础上细化到重要自然资源，在专项规划中开展二级功能分区，制定更有针对性的管控和保育措施。

　　《规划》提出，以自然恢复为主，统筹实施三江源二期、湿地保护、生物多样性等保护工程，开展综合治理，实现生态系统原真性完整性保护。还提出创新生态保护工程，包括精准休牧、优化围栏工程、转变畜牧业生产方式等。

　　《规划》明确体制机制创新，为解决"九龙治水"和自然资源执法监管碎片化弊端，克服国有自然资源资产所有者权益不到位、政出多门和管理缺位、不到位的问题，实现国家公园范围内自然资源资产管理和国土空间用途管制"两个统一行使"，三江源要建立"一件事由一个部门来管"的权责边界清晰、所有权和监管权分离、地方政府和国家公园管理部门良性互动的新型保护地管理体制。

　　《规划》强调人与自然和谐共生，提出"注重人的发展"，国家公园建设既要使牧民群众的生产生活符合资源环境保护要求，又要满足展示游牧文化和历史传承的需要，始终重视人的发展，实现人与自然和谐相处。包括设置生态管护公益岗位、牧民转产定居、转变畜牧业发展方式、特许经营等改善民生的方式方法，确保到2020年牧民全面脱贫。

　　《规划》明确，近期目标是2020年正式设立三江源国家公园，国家公园体制全面建立，法规和政策体系逐步完善，标准体系基本形成，管理运行顺畅。中期目标是到2025年，形成独具特色的国家公园服务、管理和科研体系。远期目标是到2035年，实现对三大江河源头自然生态系统的完整保护，园区范围和功能优化，山水林田湖草生态系统良性循环。

　　《规划》提出研究建立生态综合补偿制度，整合转移支付、横向补偿和市场化补偿等渠道资金，结合当地实际制定有针对性的综合性补偿办法。构建科学有效的监测评估考核体系，把生态补偿资金支付与生态保护成效紧密结合起来，让当地农牧民在参与生态保护中获得应有的补偿。

第十一章　新疆生态治理的实践

第一节　生态环境状况

新疆维吾尔自治区，简称"新"，首府乌鲁木齐市，位于我国西北边陲，是我国五个少数民族自治区之一。面积166.49万平方公里，占我国国土总面积的六分之一，是我国陆地面积最大的省级行政区。新疆地处亚欧大陆腹地，陆地边境线5600多公里，周边与俄罗斯、哈萨克斯坦、吉尔吉斯斯坦、塔吉克斯坦、巴基斯坦、蒙古、印度、阿富汗等八个国家接壤，是第二座"亚欧大陆桥"的重要通道，具有十分重要的战略地位。由于新疆深居内陆、距海遥远，属于温带大陆性气候，主要气候特征为"冬冷夏热，气温日较差和年较差大，年降水量稀少"。新疆地形特点是：山脉与盆地相间排列，盆地被高山环抱，俗喻"三山夹两盆"（图11-1）。北部为阿尔泰山，南部为昆仑山，天山横亘中部，把新疆分为南北两半，南部是塔里木盆地，塔克拉玛干沙漠位于盆地中部，是中国最大的沙漠；北部是准噶尔盆地，古尔班通古特沙漠位于盆地中央。在盆地边缘和部分沿河地区（水源丰富的地区），形成绿洲。

新疆水土、光热资源得天独厚。日照时间长，昼夜温差大，无霜期长，积温多，年太阳辐射总量仅次于西藏，对农作物生长十分有利。境内有大小河流570条，除额尔齐斯河外均为内陆河。其中塔里木河全长2137公里，是我国的第一大内陆河；乌伦古河发源于青河县境内阿尔泰山，是准噶尔盆地非常重要的内陆河。而水量最大的河流——伊犁河，是一条著名

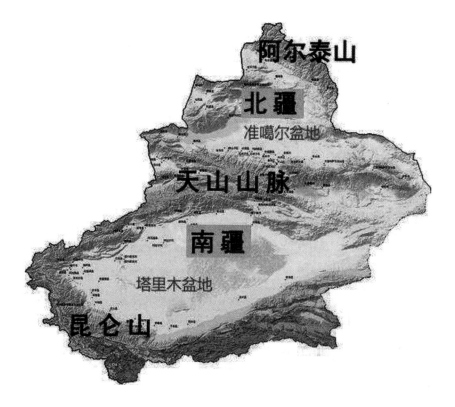

图 11 - 1　新疆"三山夹两盆"地形特征

图片来源：http：//baijiahao. baidu. comsid = 1668113133307213247&wfr = spider&for = pc。

的国际内陆河；额尔齐斯河发源于阿尔泰山南坡，是我国唯一流入北冰洋的河流。

2018 年，新疆环境空气质量总体保持稳定，乌鲁木齐市优良天数比例为72.9%，比上年增加6.3 个百分点。"乌—昌—石"和"奎—独—乌"两重点区域优良天数比例分别增加3.5 个百分点和5.3 个百分点。全疆河流水质保持稳定，水质为优；城镇集中式饮用水水源地水质总体保持稳定，水质为优，监测的122 座城镇集中式饮用水水源地中，水质达标比例为91.0%。全疆创建国家级生态县（区）1 个，创建国家生态文明示范县1 个，生态乡镇35 个，生态村7 个。全疆城市区域、道路交通、功能区声环境质量保持稳定；监测的18 个城市，昼间道路交通声环境质量为一级好的城市占88.8%，城市功能区昼间达标率为88.6%，夜间达标率为78.8%。核与辐射环境安全可控。总体来说，全疆生态系统格局总体稳定，生态环境质量持续改善。①

但是，新疆生态环境保护形势依然严峻，生态环境问题突出表现在：

（一）水资源极其短缺

新疆地处亚欧大陆腹地，深居我国西北内陆，距海遥远，加上地形封闭，来自海洋的湿润气流难以进入，形成降水稀少的温带大陆性气候。特别是南疆塔里木盆地，降水更稀少，地表多荒漠植被，塔克拉玛干沙漠就分布在这里。水资源短缺是制约新疆社会经济发展的重要原因。

新疆水资源绝大部分源于山区产流，即山上的积雪、冰融化成水，比率占到98%。新疆水资源开发利用程度偏高、农业用水比重过大（高达95%）、局部地下水超采严重、内陆河污染加剧、跨境河流涉水争端激烈、气候变化影响强烈，造成了新疆水资源日益严峻的紧张局面。② 新疆与世界上同类干旱区的一些地方相比，由于天山、阿尔泰山的冰川融水补给，水资源相对丰富，可以支持社会经济的可持续发展。但大规模无序开荒和灌溉面积过度扩张，造成了为 GDP 贡献5%的农业用水比例达95%的现象。③

（二）土地荒漠化严重

新疆是我国荒漠化及沙化面积最大、分布最广、危害最严重的省区，也是世界严重荒漠化地区之一。④ 新疆北部土地面积为 39 万平方公里，其中荒漠景观面积为 12 万平方公里，占北部土地面积的32%；东部土地面积为 20 万平方公里，荒漠景观面积为 13 万平方公里，占东部土地面积的65%；南部土地面积为 106 万平方公里，荒漠景观面积为 63 万平方公里，占南部土地面积的59%。沙漠景观是新疆荒漠景观的主体，占新疆土地总面积的53%。新疆荒漠景观（图 11-2）面积绝对量大、分布相对集中、宏观生态脆弱，对绿洲区域经济社会发展构成严重威胁。⑤

① 郑卓：《新疆生态环境质量持续改善》，《新疆日报》2019 年 6 月 5 日。
② 《"新疆水问题研究及其技术示范"项目启动》，新疆生态与地理研究所，2013 年 1 月 8 日。
③ 蔡晶晶：《20 位院士称新疆"跨流域调水"成本过高不可行》，《人民日报》2010 年 11 月 22 日。
④ 姚秋红、袁戈丽：《新疆生态环境问题及保护对策》，《新疆教育学院学报》2007 年第 2 期。
⑤ 古丽努尔·阿布力米提：《大力加强新疆生态环境保护和建设》，《学术探讨》2010 年第 9 期。

图 11 - 2　新疆土地荒漠化示意图

图片来源：https：//m.sohu.com/a/203101181_ 695692。

　　新疆远离海洋，几乎不受海洋气候影响，干旱少雨，沙漠、土漠、砾漠、盐漠、石漠广布，植被稀疏。同时，该地区风力较强，加之人类活动影响，致使新疆土地荒漠化严重（图 11 - 3）。截至 2014 年年底，新疆荒漠化土地总面积为 107.06 万平方公里，占新疆国土总面积的 64.31％，分布于乌鲁木齐、克拉玛依、吐鲁番、哈密、昌吉、伊犁、塔城、阿勒泰、博尔塔拉、巴音郭楞、阿克苏、克孜勒苏、喀什、和田等 14 个地区（州、市）及 5 个自治区直辖县级市中的全部 100 个县（市）（含兵团）。荒漠化土地分布范围广，各气候类型区荒漠化类型齐全，且危害程度较重。（1）气候类型区荒漠化现状。干旱区荒漠化土地面积为 76.14 万平方公里，合计占荒漠化土地总面积的 71.12％；半干旱区荒漠化土地面积为 28.97 万平方公里，占荒漠化土地总面积的 27.06％；亚湿润干旱区荒漠化土地面积为 1.95 万平方公里，占荒漠化土地总面积的 1.82％。（2）荒漠化类型现状。风蚀荒漠化土地面积为 81.22 万平方公里，占荒漠化土地总面积的 75.86％；水蚀荒漠化土地面积为 11.57

万平方公里,占荒漠化土地总面积的10.81%;盐渍化土地面积为9.25万平方公里,占荒漠化土地总面积的8.64%;冻融荒漠化土地面积为5.02万平方公里,占荒漠化土地总面积的4.69%。(3)土地利用类型荒漠化现状。主要是草地荒漠化和未利用地荒漠化,分别为46.90万平方公里和44.10万平方公里,会计占全部荒漠化面积的84.99%,其余耕地荒漠化为5.06万平方公里、林地荒漠化为11.00万平方公里,合计占全部荒漠化面积的10.8%。[①]

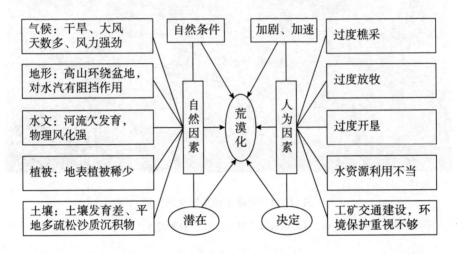

图11-3　新疆土地荒漠化思维导图

(三)草地退化严重

新疆天然草地面积约为5725.88万公顷,占全疆土地面积的34.44%,是全区发展草地畜牧业的物质基础,也是该区生态环境的重要组成部分(图11-4)。

新疆是全国五大牧区之一,牧草地面积仅次于内蒙古、西藏,居全国第三。然而,在新疆牧区,由于牧民对传统草地放牧系统的过度依赖,加之牧区牲畜头数和人口的增加,全疆大概90%的草地退化,50%—60%的草地严重退化。[②] 全区草原已不堪重负,草地生态持续恶化,这成了草地畜牧业可持

① 《新疆第五次荒漠化和沙化监测情况公报》,http://www.forestry.gov.cn/zsb/990/content - 910438.html,2016年10月9日。
② 《新疆草地退化率约90%　专家称人工草地可缓解》,http://www.chinanews.com/shipin/cnstv/2014/04 - 03/news404544.shtml。

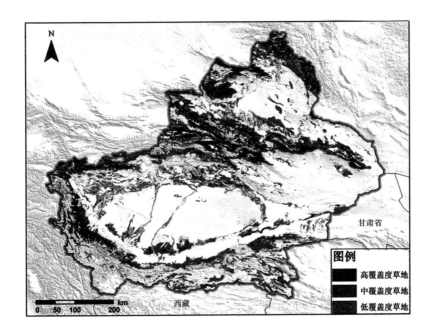

图 11－4 2015 年新疆草地资源空间分布

图片来源：http：//www.dsac.cn/DataProduct/Detail/20081334。

续发展的制约因素。尽管新疆草地退化受到气候变化、局部干旱等自然条件影响，但是该区草地退化严重的主要原因还是超载放牧、旅游开发、草原乱开滥垦、草原建设投入少、草原保护政策法规落实不到位等。概言之，新疆天然草地退化面积大、退化程度重，不仅阻碍了当地畜牧业的健康发展，而且威胁着新疆的生态安全。草地面积减少、超载和退化现象严重，已成为当前新疆最突出的生态环境问题之一。

（四）生物多样性受威胁

地理区划上，新疆动植物地跨两个界、四个区，即阿尔泰—萨彦岭区、哈萨克斯坦区、蒙新区、青藏区。优越的生态地理环境条件孕育了众多珍稀动植物物种，具有较高的生物多样性。另外，由于阿尔泰山、天山和昆仑山等山地的垂直气候带，跨越了从极地到暖温带的各种自然景观带及其生态系统，新疆的物种资源和生物多样性得到了极大丰富。[1]

———————————

[1] 高丽君、袁国映、袁磊：《新疆生物多样性研究及保护》，《新疆环境保护》2008 年第 2 期。

新疆地处内陆干旱区，区域生态系统组分单一、结构简单、脆弱，一般难以承受由于人口剧增、经济强度增大带来的压力。在无序开发情况下，区域生态系统结构破坏、功能降低在所必然。近些年来，甘草、麻黄、肉苁蓉、贝母等药用植物被大量采挖，其资源储量迅速减少。养鹿业发展中，大量捕捉野生仔鹿，加之偷猎肆虐，使野生鹿种群数量不足 20 世纪 70 年代的 1/4，濒临枯竭。高强度捕捞渔业使自然水体渔获量从 1970 年代的 7000 吨以上，降低到目前的 5000 吨以下。目前，新疆已被列入《中国濒危动物红皮书》的动物有 80 多种，约占全国濒危动物种数的 15.4%。其中，列为极危的动物有 24 种，野马、赛加羚羊已在野外绝迹，新疆大头鱼的生存受到威胁。新疆农、林、牧与水产养殖业发展中，大量引入外来物种，丰富了新疆生物多样性组分，但也使原有地方品种遗传资源大量流失。同时，优良品种的单一化种植和养殖，使许多优良的地方品种逐渐丧失。

第二节　生态治理实践

一　新疆国家沙漠公园建设

沙漠公园是以沙漠景观为主体，以保护荒漠生态系统、合理利用沙漠资源为目的，在促进防沙治沙和维护生态功能的基础上，开展公众游憩休闲或进行科学、文化、宣传和教育活动的特定区域。

2013 年，我国批准实施《全国防沙治沙规划》，提出"有条件的地方建设沙漠公园，发展沙漠景观旅游"。2019 年 2 月，国家林业和草原局发布了《关于同意建设河北沽源九连城等 17 个国家沙漠（石漠）公园的通知》，新疆申报的叶城恰其库木国家沙漠公园获批，成为新疆第 36 个国家沙漠公园。① 叶城恰其库木国家沙漠公园位于叶城县辖区内，总面积 3381 公顷，自 2017 年 3 月开始申报，经过编制总体规划、制作专题片等多方面努力，于 2018 年 7 月顺利通过自治区专家评审，2018 年 10 月底

---

① 曹华：《新疆已拥有 36 个国家沙漠公园》，天山网，2019 年 2 月 28 日。

通过国家专家组的现场评估，最终获国家评审通过。根据国家林业和草原局要求，叶城恰其库木国家沙漠公园后续将按照专家委员会提出的审查意见对规划进一步修改完善后开展建设工作，林业和草原主管部门将强化对国家沙漠（石漠）公园的指导和监管，提高公园的建设和管理水平，做好自然景观及林草植被保护工作，不断优化区域生态环境，有序科学开展公园建设工作。

新疆于2013年首批创建成功木垒鸣沙山国家沙漠公园、奇台硅化木国家沙漠公园、吉木萨尔国家沙漠公园、阜康梧桐沟国家沙漠公园（图11－5）。到目前，全疆已拥有国家沙漠公园36个（表11－1），其中面积最大的是沙雅国家沙漠公园，规划面积27800公顷，最小的是英吉沙萨罕国家沙漠公园，规划面积666公顷。随着国家沙漠公园建设的不断推进，极大地促进了新疆沙漠自然景观及林草植被保护工作，同时带动了旅游产业的发展。①

木垒鸣沙山国家沙漠公园
奇台硅化木国家沙漠公园

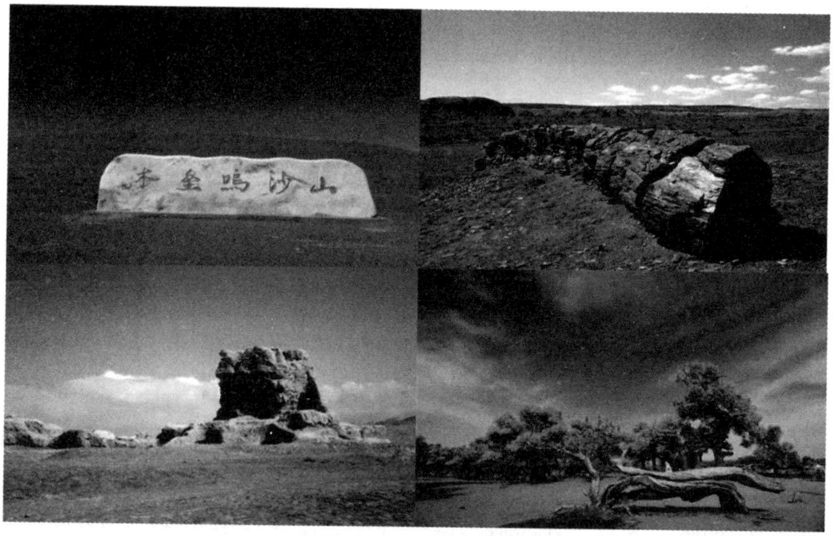

吉木萨尔国家沙漠公园
阜康梧桐沟国家沙漠公园

图11－5 首批代表性的国家沙漠公园

图片来源：网络。

---

① 《新疆已拥有36个国家沙漠公园！你去过几个?》，https://www.sohu.com/a/298571500_119733，2019年2月28日。

表 11－1　　　　　　　　　　新疆 36 个国家沙漠公园一览表

	名称	位置	面积/公顷	特点	时间
1	木垒鸣沙山国家沙漠公园	昌吉木垒县	3000	细沙由下向上流淌	2014
2	奇台硅化木国家沙漠公园	昌吉奇台县	3600	沙漠史前文化观光（硅化木·恐龙沟）	2014
3	吉木萨尔国家沙漠公园	昌吉吉木萨尔县	3000	世界上离城市最近的沙漠	2014
4	阜康梧桐沟国家沙漠公园	阜康市	1507	天然的荒漠植物园、动物园	2014
5	尉梨国家沙漠公园	巴州尉犁县	2000	沙漠胡杨与水中胡杨遥相呼应	2014
6	且末国家沙漠公园	巴州且末县	7153	领略丝路南道和荒漠绿洲奇特风情	2014
7	沙雅国家沙漠公园	阿克苏沙雅县	27800	沙漠探险与考古	2014
8	鄯善国家沙漠公园	吐鲁番鄯善县	20000	沙漠绿树交相辉映	2014
9	伊吾胡杨林国家沙漠公园	哈密伊吾县	31733	生长着一片至今存活了九千多年的胡杨林	2014
10	洛浦玉龙湾国家沙漠公园	和田地区洛浦县	1100	沙湖静谧，水鸟悠然	2015
11	博湖阿克别勒库姆国家沙漠公园	巴州博湖县	5600	沙水相依的景色	2015
12	精河木特塔尔国家沙漠公园	博州精河县	24775	准噶尔盆地最大的流动沙漠	2015
13	和布克赛尔江格尔国家沙漠公园	伊犁州和布克赛尔县	15000	典型风蚀景观和玛纳斯盐湖	2015
14	吐鲁番艾丁湖国家沙漠公园	吐鲁番市	780	荒漠珍稀濒危特有植物近 100 种	2015

续　表

	名称	位置	面积/公顷	特点	时间
15	兵团驼铃梦坡国家沙漠公园	兵团第八师莫索湾垦区一五〇团	2039.78	一片原始、粗犷的沙漠世界、一座天然的荒漠植物园	2015
16	库车龟兹国家沙漠公园	阿克苏库车县	20047	驼铃阵阵,羌笛悠扬	2015
17	岳普湖达瓦昆国家沙漠公园	喀什地区岳普湖县	8126	中国沙漠风景旅游之乡(新疆的月牙泉)	2015
18	麦盖提国家沙漠公园	喀什地区麦盖提县	6400	手鼓舞:飞扬的沙子,有力的手鼓,令人陶醉	2015
19	莎车喀尔苏国家沙漠公园	喀什地区莎车县	6428	被越野车手称为"超级赛道"	2015
20	布尔津萨尔乌尊国家沙漠公园	阿勒泰地区布尔津县	7780	为南疆地区增添了一个新的旅游景区	2016
21	玛纳斯土炮营国家沙漠公园	昌吉玛纳斯县	2645	全疆最大的极限运动体验乐园	2016
22	昌吉北沙窝国家沙漠公园	昌吉市	3000	以滑沙、赏沙、戏沙为主题的沙漠旅游	2016
23	呼图壁马桥子国家沙漠公园	昌吉呼图壁县	7689.36		2016
24	英吉沙萨罕国家沙漠公园	喀什地区英吉沙县	666.66		2016
25	乌苏甘家湖国家沙漠公园	乌苏市	6666.3	我国最大的白梭梭保护区	2017
26	沙湾铁门槛国家沙漠公园	塔城地区沙湾县	362.6	在良田与沙漠中间依稀可见清代被称为"铁门槛"的驿站遗址	2017

续　表

	名称	位置	面积/公顷	特点	时间
27	轮台依明切克国家沙漠公园	巴州轮台县	1972	环形轻轨火车道	2017
28	新疆生产建设兵团第七师金丝滩国家沙漠公园	兵团第七师一二九团	572.9	现代休闲体验康养旅游	2017
29	新疆生产建设兵团丰盛堡国家沙漠公园	兵团第六师红旗农场农八连1队	1169.8		2017
30	新疆生产建设兵团可克达拉国家沙漠公园	古尔班通古特沙漠西南缘,六十四团十一连至十五连东侧红旗水库周边巴基泰沙漠腹地	1320.6		2017
31	新疆生产建设兵团阿拉尔昆岗国家沙漠公园	塔克拉玛干沙漠边缘十一团辖区内	1380.3		2017
32	新疆生产建设兵团醉胡杨国家沙漠公园	兵团第二师三十八团辖区内	1314.5		2017
33	新疆生产建设兵团子母河国家沙漠公园	兵团第二师三十六团境内	1132.2		2017
34	新疆生产建设兵团乌鲁克国家沙漠公园	兵团第二师三十三团辖区内	653.1		2017
35	新疆生产建设兵团阿拉尔睡胡杨国家沙漠公园	兵团阿拉尔市第一师十四团辖区内	3072.6		2017
36	叶城恰其库木国家沙漠公园	喀什地区叶城县	3381		2018

二　柯柯牙的"绿色涅槃"之路①

在世界第二大流动性沙漠——塔克拉玛干沙漠西北边，一条逾百万亩的人工林带傲然挺立。这条林带就是柯柯牙荒漠绿化工程（图11-6），是新疆阿克苏黄沙漫漫和碧波万顷的分界岭。

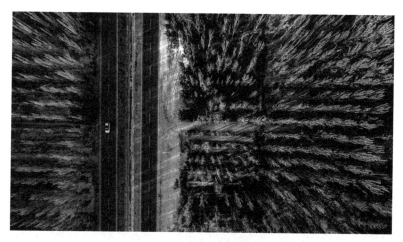

图11-6　阿克苏地区柯柯牙绿化工程核心区

图片来源：《接力三十载　荒漠变"林海"——新疆柯柯牙的"绿色涅槃"之路》，新华网，2018年10月10日。

1986年，为改变恶劣的自然条件，阿克苏启动柯柯牙绿化工程。30年间，各族干部群众携手奋斗，使曾是沙尘暴策源地的柯柯牙绿树成荫；并以此为起点，在南疆戈壁荒滩上孕育出百万亩的"绿海"。30多年来，阿克苏打造出"人走政不息"的样本，使绿色发展理念成为几代人的广泛共识；"自力更生、艰苦奋斗、无私奉献"的柯柯牙精神，已溶入各族儿女血脉中；"以林养林""边绿化边脱贫"的绿化脱贫方式，给其他荒漠地区贡献了"柯柯牙智慧"。

（一）大志向：誓将戈壁变林海

生于大漠边，长于绿洲中，77岁的护林员艾力·苏来曼退休后选择住在

---

①　黎大东、何军、杜刚、何奕萍：《接力三十载　荒漠变"林海"——新疆柯柯牙的"绿色涅槃"之路》，新华网，2018年10月10日。

自己养护的林子中。他每日在林带散步时，喜欢不时抚摸树干，"几十年前，我没想到柯柯牙可以伴人"。柯柯牙紧挨阿克苏市（图 11-7）。当地老人回忆，从记事起，这里就是一片戈壁荒滩，是整个阿克苏地区沙尘暴的策源地，每年沙尘天气超过 100 天；冬春时节，狂风裹挟着黄沙，从柯柯牙方向劈头盖脸地打来，天地浑浊一片，白天也要开灯，人根本出不了门。艾力·苏来曼说，"除了忍，就是逃"。祖辈们不是没有抗争。温宿县《乡土志》记载：清末的温宿王在柯柯牙聘请吐鲁番工匠前来开凿坎儿井，引地下水，垦田造林，却因耗资甚巨，无法负担而作罢；新中国成立前，也曾在此凿了许多坎儿井，结果不见出水，宣告失败；20 世纪 60 年代，有过将阿克苏城区的多浪渠水引至此的设想，可终因引水位置不对，工程废弃。

图 11-7　阿克苏市多浪河二期治理工程及其沿岸景观

图片来源：《接力三十载　荒漠变"林海"——新疆柯柯牙的"绿色涅槃"之路》，新华网，2018 年 10 月 10 日。

但是，阿克苏人不信命。1985 年，时任阿克苏地委书记的颉富平同林业、水利、交通等部门负责人沟通后，决定举全力改变柯柯牙荒漠化状态。次年，阿克苏便成立了柯柯牙荒漠绿化指挥部。当时，作为林场护林工的艾力·苏来曼想："在柯柯牙种树，同沙子里养鱼有什么区别？""年年种树不见树，春天种了秋天当柴火""劳民伤财"……不少百姓、干部对在柯柯牙种树的前景感到悲观。

时任阿克苏地区林业处处长的毕可显多次带人到柯柯牙调研，采集了58个剖面的土样，全是沙土、沙壤土、黏土、重黏土、盐碱土，有的地方土壤盐碱含量高达 5.58%，大大超过国家规定 1% 的造林标准；并且，柯柯牙沟壑纵横，有的地方高差十几米，土质要么特别坚硬，要么极其松软，有的地方处在风口上，大风袭来，树苗根本无法立住。更为困难的是，种树最需要的水源，离得很远很远。有人劝告毕可显，说："你何苦冒这么大的风险呢，万一树种不活，群众该怎么骂你？"这位在林业战线上工作了 30 多年的老行家说："我就是见不得光秃秃的地，为了能把卡坡变绿，为了我们下一代有个美好的环境，我甘愿冒这个风险。"

（二）大决战：亘古戈壁创奇迹

1986 年 4 月，一支由 250 多人组成的修渠队伍进入柯柯牙。时任柯柯牙荒漠绿化指挥部副部长、阿克苏地委副秘书长的何俊英回忆，黄风呼啸中，施工人员的嘴唇起了一层皮，许多人的嘴巴、鼻子流了血。工人们生火做饭，被风一次次吹灭，好不容易烧好的一锅饭，又被刮进一层沙。就是这么一群人，在黄土中拼搏，仅用了 4 个月的时间，一条长 16.8 千米、配有 505 座桥涵、闸等水利设施的防渗干渠建成了。

水的问题解决了，接下来是修路。树苗和人要上到柯柯牙，必须先修路。修路得先压路基，柯柯牙土壤盐碱量大，碰上水就凝成粘泥巴，半米深的黄土层完全靠洒水车压。等洒水车出来时，四个轮子被稀泥牢牢缠住，无法动弹，只好用拖拉机拉拽。在沉积了几千年的黄土上平整土地，推土机来来回回只能划下几道白印。8 台推土机，坏了 7 台。指挥部和武警支队商议后决定以爆破"攻关"。"轰隆隆……"一阵阵炮声在荒原上响起。有的地方即使用炸药炸，也只能炸开脸盆大的口子。工程没法进展了。技术人员又用抽水泡地的办法，泡一晚，渗透土地 5 厘米，再接着泡；有的地方泡不了水，就只能用铁锹、锤子一点点往下砸，跪在地上用十字镐一点点往下挖。人们的手起了血泡，汗湿透了全身，有的年轻小伙子疼得掉下了眼泪。后来，土地平整了，但还不能种树，需要压碱改善土壤土质。指挥部决定因地制宜改良土壤。除了从农田拉来良土外，还根据土壤盐碱含量不同，或用渠水冲洗盐碱，或直接开沟挖渠排水压碱，甚至尝试种植水稻改良土壤（图 11-8）。

**图 11-8　阿克苏河上游的温宿县托甫汗镇阿亚克其村的
一处由生态防护林守护的稻田**

图片来源：《接力三十载　荒漠变"林海"——新疆柯柯牙的"绿色涅槃"之路》，
新华网，2018 年 10 月 10 日。

终于，可以种树了！公务员、教师、学生、医生、护士、武警官兵都行动起来了。几乎每个阿克苏人都有到柯柯牙植树的记忆。夫妻共栽一棵树，父子同抬一桶水，新兵栽下建疆树……50 多岁的赖清说，从她 20 岁至今，每年都要种树，最开始的几年，只有先挖一个能埋进半个成人这样深的大坑，然后用一层肥料一层土填埋，小树苗才有可能成活。志愿兵赵湍娃得知部队要参加柯柯牙绿化工程的消息，主动放弃回家结婚的打算，写信说服未婚妻从陕西老家赶到阿克苏，在柯柯牙工地上举行了"特殊婚礼"，新婚夫妇携手为柯柯牙种下了第一棵爱情树。10 年后，他们带上孩子回到绿树成荫、果实累累的柯柯牙（图 11-9），全家又种下了一棵"希望树"。

在柯柯牙，养活一棵树不容易。

依马木·麦麦提是柯柯牙林管站第一任站长（图 11-10）。"大家那么辛苦地义务挖坑、种树，我们如果照顾不好树，不成罪人了？树活了，我走路才能把头抬起来。"他说。据依马木·麦麦提回忆，有的林管站干部职工连续几天不回家，一直盯着水灌到每一棵树下，如果太累了就蜷缩在树下眯一会。在大家的精心呵护下，1987 年到 1989 年，在柯柯牙，树的成活率达到了87.5%，超过了既定目标。

图 11-9　新疆阿克苏地区温宿县的果农采收苹果

图片来源：《接力三十载　荒漠变"林海"——新疆柯柯牙的"绿色涅槃"之路》，
新华网，2018 年 10 月 10 日。

图 11-10　柯柯牙林管站第一任站长依马木·麦麦提（左，调任时；右，退休后）

图片来源：《接力三十载　荒漠变"林海"——新疆柯柯牙的"绿色涅槃"之路》，
新华网，2018 年 10 月 10 日。

艾力·苏来曼说，栽种树苗的沟渠土质松软，一灌水，非常容易被冲毁。
有一个夜晚，沟渠被冲毁，他毫不犹豫地直接躺在被冲毁处，另一个同事用坎土曼（锄头）迅速把土沿着他的身体夯实，水渠才得以修补。艾力·苏来曼原本有机会住进城里，但他还是和家人一块守在柯柯牙。老人用颤颤巍巍的手，从箱底拿出几张奖状，这是当时林业部门颁发的优秀员工奖。"这一辈子，能留下的除了这些树，就这几张奖状了。"老人欣慰地说。

图 11 - 11　柯柯牙航拍图

图片来源：《柯柯牙，书写新疆版的"塞罕坝"荒漠绿化奇迹》，天山网，2018 年 10 月 12 日。

　　阿克苏地区林业局统计，柯柯牙荒漠绿化工程从 1986 年开始实施到 2015 年结束，前后整整 30 年，历经 7 位地委书记，参与义务植树人员达到 340 万人次，共计造林 115.3 万亩，累计栽植树木 1337 万株。亘古荒漠戈壁，林海万顷，生机盎然（图 11 - 11）。1996 年，柯柯牙被联合国环境资源保护委员会列为"全球 500 佳境"之一。

　　（三）大变迁：绿色带富农牧民

　　"在戈壁滩上植树成本高，后期维护的花费更大，等中央拨款或光靠地方财政资金不是长久之计。"阿克苏地委书记窦万贵认为，要让生态建设的成果延续下去，必须调动民间力量，鼓励全民参与绿化，并享受绿化带来的经济收益。他介绍，以林养林，就是合理调整绿化造林结构，利用南疆的光热资源，在防护林中间套种苹果、核桃、红枣等一批经济林。政府先期投入开发种植，然后用最优惠的政策承包给农民来管护，收益归承包户所有。这样，既减轻了政府负担，也让农民在生态建设中实现脱贫致富。

甘永军是"以林养林"的受益者之一。1989 年，他从北疆的木垒县到柯柯牙承包果园，政府提供了免费的苗木、土地和水。如今，他的 20 多亩果园年收入超过 30 万元。10 年前，甘永军还在果园开起了第一个农家乐，带动周边 100 多户果农经营起了自家庭院（图 11–12）。这些农家乐，成为阿克苏市民休闲时的好去处，吸引了越来越多的游客。"以林养林"模式逐步成熟起来。柯柯牙 115.3 万亩的荒漠绿化工程中，80% 是经济林，15% 是防护林，5% 是基础设施建设和配套项目。

图 11–12　"以林养林"的受益者——甘永军及其果园

图片来源：《接力三十载　荒漠变"林海"——新疆柯柯牙的"绿色涅槃"之路》，新华网，2018 年 10 月 10 日。

林果业发展还给易地扶贫搬迁的农牧民提供了机会。2014 年，贫困户迪里拜尔从天山深处搬到柯柯牙管理区拱拜孜新村，当地政府给她家无偿提供了 8 亩核桃园，核桃成熟前，她在家门口一家果业公司打工，每月有 3000 元的收入。"现在钱多了，孩子今后也能上更好的学校了。"迪里拜尔说。现在，塔里木盆地的大果盘甜蜜了整个阿克苏地区。阿克苏地区林业局统计，2017 年，阿克苏地区林果面积稳定在 450 万亩，产量 221.5 万吨，产值达 130.7 亿元。

毗邻柯柯牙林的温宿县如今成了全国闻名的林果大县。2017 年，全县农民人均可支配收入突破 15000 元，林果业占比达 7 成以上。目前，阿克苏还大力推进林果业生产、加工、销售一体化发展，建成林果企业 140 多家，提供了一大批就业岗位。当地一名干部说，阿克苏刚开始种果树时，大家都没想到，这里能成为新疆林果的主产区，阿克苏苹果成为继吐鲁番葡萄、哈密瓜之后的新疆新名片。

（四）大改善："灾源"变成"幸福源"

在柯柯牙绿化工程纪念馆，一个红色的账本十分显眼，上面记录着 1986 年以来历届党委政府任期内在柯柯牙的绿化面积。30 年来，绿化面积有多有少，但从未间断过。2015 年，继柯柯牙荒漠绿化工程后，陆续实施阿克苏河流域、渭干河流域、空台里克区域"三个百万亩"生态治理项目，包含防洪堤、交通路网、水利灌溉、荒地造林、退耕还林、林果业提质增效等工程，以全面推进生态系统保护和修复。目前，阿克苏河流域 126.33 万亩生态治理工程已全部完工，渭干河流域 107 万亩生态工程于 2018 年秋季完工，空台里克区域生态治理工程 2018 年春季已完成植树造林 6 万亩。三项工程按计划到 2020 年完工后，受益人口超过百万。

谈到两河百万亩生态工程，阿克苏市依干其乡托万克巴里当村果农吾斯曼·斯马依深有体会："过去树少，每到香梨挂果的时候，大风和沙尘暴让树上的香梨掉很多，影响产量和收入。现在环境好了，收入也有了保证。"作为阿克苏河的一部分，7.6 公里的多浪河流经阿克苏市。36 岁的努尔麦麦提清晰地记得，10 年前，他家还住在多浪河边的平房中，"河水五颜六色，特别臭"。自 2006 年起至今，阿克苏市陆续开展三期多浪河景观工程建设，前两期已完成，第三期正在施工。10 余年间，河道拓宽了、活水引来了，沿河两岸种满了树，主题公园、文化广场建起来了。夏日的晚上，人们纷纷来此骑行、散步。2016 年，多浪河建起了一座游乐公园，努尔麦麦提在园中浇水、锄草，甚至学会了开船，每个月有 3000 元收入。"要不是改造多浪河，我们就不会有现在的工作，可能还住在没厕所的平房里。"

与 30 多年前进军柯柯牙不同，这三个百万亩生态工程不再单纯依靠人力，机械化、科技化程度越来越高。如今，阿克苏农区水土流失、土地沙化和盐碱化得到明显缓解，城区风沙危害明显下降。据阿克苏地区气象部门统计，阿克苏沙尘天气由 1985 年的近 100 天减少至目前的 29 天。国土森林覆盖率，也由 3.35% 增加到 6.8%，城市绿化覆盖率达到 35.46%。生态环境的改善为地区经济稳步发展、人民群众安居乐业提供了良好保障。行走在阿克苏市、温宿县城、库车县城等地，从中心路口到小区角落，几乎处处见绿意。当地人说："阿克苏从荒芜到繁荣，幸福源自柯柯牙。"

参考文献

期刊

本刊编辑部：《在习近平生态文明思想指引下迈入新时代生态文明建设新境界》，《求是》2019 年第 3 期。

巢哲雄：《关于促进国家生态环境治理现代化的若干思考》，《环境保护》2014 年第 42 期。

陈雯：《生态经济：自然和经济双赢的新发展模式》，《长江流域资源与环境》2018 年第 1 期。

陈瑜：《生态现代化理论研究述评》，《吉首大学学报》（社会科学版）2009 年第 6 期。

陈光磊：《论可持续发展生态经济模式的构建》，《中国市场》2007 年第 13 期。

陈献东：《开展领导干部自然资源资产离任审计的若干思考》，《审计研究》2014 年第 5 期。

程国栋、肖笃宁、王根绪：《论干旱区景观生态特征与景观生态建设》，《地球科学进展》1999 年第 1 期。

崔艳红：《生态文明与科学发展——从"十七大"提出的生态文明理念解读中国的科学发展道路》，《淮海工学院学报》（社会科学版）2008 年第 3 期。

崔岳寒：《系统工程的发展》，《科技致富向导》2012 年第 8 期。

邓爱华：《走中国的生态现代化之路——访中国科学院中国现代化研究中心主任何传启》，《科技潮》2008 年第 4 期。

丁国和：《基于协同视角的区域生态治理逻辑考量》，《中共南京市委党校学报》2014 年第 5 期。

杜飞进：《论国家生态治理现代化》，《哈尔滨工业大学学报》（社会科学版）2016 年第 3 期。

樊根耀：《生态环境治理制度研究述评》，《西北农林科技大学学报》（社会科学版）2003 年第 4 期。

方精云、景海春、张文浩等：《论草牧业的理论体系及其实践》，《科学通报》2018 年第 17 期。

方世南、张伟平：《生态环境问题的制度根源及其出路》，《自然辩证法研究》2004 年第 5 期。

方世南：《德国生态治理经验及其对我国的启迪》，《鄱阳湖学刊》2016 年第 1 期。

方世南：《区域生态合作治理是生态文明建设的重要途径》，《学习论坛》2009 年第 4 期。

冯之浚：《循环经济的范式研究》，《中国人口·资源与环境》2007 年第 4 期。

高宁：《推进生态文明　建设美丽中国》，《前线》2018 年第 9 期。

高丽君、袁国映、袁磊：《新疆生物多样性研究及保护》，《新疆环境保护》2008 年第 2 期。

葛察忠、程翠云、董战峰：《环境污染第三方治理问题及发展思路探析》，《环境保护》2014 年第 20 期。

古丽努尔·阿布力来提：《大力加强新疆生态环境保护和建设》，《学术探讨》2010 年第 9 期。

何传启：《生态现代化——中国绿色发展之路（摘要）》，《林业经济》2007 年第 8 期。

洪大用：《经济增长、环境保护与生态现代化——以环境社会学为视角》，《中国社会科学》2012 年第 9 期。

黄杰、张振波：《构建生态治理的多元参与长效机制》，《盐城工学院学报》（社会科学版）2015 年第 1 期。

黄爱宝：《论府际环境治理中的协作与合作》，《云南行政学院学报》2009 年第 11 期。

黄斌欢、杨浩勃、姚茂华：《权力重构、社会生产与生态环境的协同治理》，

《中国人口·资源与环境》2015年第2期。

黄群慧：《改革开放40年中国的产业发展与工业化进程》，《中国工业经济》2018年第9期。

姜仁良、李晋威、王瀛：《美国、德国、日本加强生态环境治理的主要做法及启示》，《城市》2012年第3期。

李丹：《生态治理市场化管理机制探讨》，《中国环保产业》2003年第11期。

李德周、杜婕：《"共赢"——一种全球化进程中的建设性思维方式》，《人文杂志》2002年第5期。

李汉卿：《协同治理理论探析》，《理论月刊》2014年第1期。

李慧明：《生态现代化理论的内涵与核心观点》，《鄱阳湖学刊》2013年第2期。

李润乾：《古代西北地区生态环境变化及其原因分析》，《西安财经学院学报》2005年第4期。

梁建强：《生态建设须摒弃"末端治理"思维》，《领导科学》2015年第10期。

林建成、安娜：《国家治理体系现代化视域下构建生态治理长效机制探析》，《理论学刊》2015年第3期。

林美萍：《环境善治：我国环境治理的目标》，《重庆工商大学学报》（社会科学版）2010年第2期。

林忠华：《领导干部自然资源资产离任审计探讨》，《审计研究》2014年第5期。

林忠华：《探索领导干部自然资源资产离任审计》，《贵阳市委党校学报》2014年第5期。

刘超：《管制、互动与环境污染第三方治理》，《中国人口·资源与环境》2015年第2期。

刘超：《污水排放标准制度的特定化——以实现"最严格水资源管理"纳污红线制度为中心》，《法律科学》（西北政法大学学报）2013年第2期。

刘普幸：《河西人口与绿洲资源、环境、经济发展研究》，《干旱区资源与环境》1988年第1期。

刘仁胜：《德国生态治理及其对中国的启示》，《红旗文稿》2008 年第 20 期。

鲁伟：《生态产业：理论、实践及展望》，《经济问题》2014 年第 11 期。

马凯：《坚定不移推进生态文明建设》，《求是》2013 年第 9 期。

马国栋：《批判与回应：生态现代化理论的演进》，《生态经济》2013 年第 1 期。

牛叔文：《西北地区生态环境治理分区研究》，《甘肃科学学报》2003 年第 2 期。

欧阳康：《生态悖论与生态治理的价值取向》，《天津社会科学》2014 年第 6 期。

曲格平：《发展循环经济是 21 世纪的大趋势》，《中国环保产业》2001 年第 7 期。

任保平、白永秀：《我国生态经济模式建立的基本思路》，《贵州财经学院学报》2004 年第 6 期。

史玉成：《论环境保护公众参与的价值目标与制度构建》，《法学家》2005 年第 1 期。

孙萍、闫亭豫：《我国协同治理理论研究述评》，《理论月刊》2013 年第 3 期。

孙长宏：《青海省实施草原生态保护补助奖励机制中存在的问题及探讨》，《黑龙江畜牧兽医》2013 年第 4 期。

陶国根：《协同治理：推进生态文明建设的路径选择》，《中国发展观察》2014 年第 2 期。

田良：《论环境影响评价中公众参与的主体、内容和方法》，《兰州大学学报》（社会科学版）2005 年第 5 期。

田千山：《生态环境多元共治模式：概念与建构》，《行政论坛》2013 年第 3 期。

王蓉：《生态治理中多部门合作困境与治理对策》，《四川行政学院学报》2009 年第 6 期。

王巍、吴勇：《试论系统工程理论、方法在企业战略分析中的应用》，《中小企业管理与科技》（上旬刊）2011 年第 7 期。

王毅：《中国未来十年的生态文明之路》，《科技促进发展》2013 年第 2 期。

王凤才：《生态文明：生态治理与绿色发展》，《华中科技大学学报》（社会科学版）2018 年第 32 期。

王洪凯：《我国北方山区农业生态经济与可持续发展》，《中国人口·资源与环境》2001 年第 S1 期。

王孟本：《"生态环境"概念的起源与内涵》，《生态学报》2003 年第 9 期。

王如松、杨建新：《产业生态学和生态产业转型》，《世界科技研究与发展》2000 年第 5 期。

王兴成：《跨学科研究的范型——试论系统工程的结构和功能》，《中国社会科学院研究生院学报》1985 年第 2 期。

王英伟、魏雪晴：《新中国成立以来中国共产党生态现代化建设的创新实践与经验》，《理论探讨》2020 年第 1 期。

邬晓燕：《德国生态环境治理的经验与启示》，《当代世界与社会主义》2014 年第 4 期。

吴钢、李静、赵景柱：《我国西北地区主要生态环境问题及其解决对策》，《中国软科学》2000 年第 10 期。

吴晓军：《论西北地区生态环境的历史变迁》，《甘肃社会科学》1999 年第 4 期。

吴新年：《西北地区生态环境的主要问题及其根源》，《干旱区资源与环境》1998 年第 4 期。

吴兴智：《生态现代化：反思与重构——兼论我国生态治理的模式选择》，《理论与改革》2010 年第 5 期。

肖笃宁、陈文波、郭福良：《论生态安全的基本概念和研究内容》，《应用生态学报》2002 年第 3 期。

肖文涛：《社会治理创新：面临挑战与政策选择》，《中国行政管理》2007 年第 10 期。

谢海燕：《环境污染第三方治理实践及建议》，《宏观经济管理》2014 年第 12 期。

薛晓源、陈家刚：《从生态启蒙到生态治理——当代西方生态理论对我们的启示》，《马克思主义与现实》2005 年第 4 期。

郇庆治、马丁·耶内克：《生态现代化理论：回顾与展望》，《马克思主义与现实》2010 年第 1 期。

杨振东、王海青：《浅析环境保护公众参与制度》，《山东环境》2001 年第 5 期。

杨正亮、吴普特：《西北地区水土流失问题及生态农业建设对策》，《安徽农业科学》2007 年第 8 期。

杨重光：《完善生态治理体系的五个要点》，《国家治理》2014 年第 20 期。

姚秋红、袁戈丽：《新疆生态环境问题及保护对策》，《新疆教育学院学报》2007 年第 2 期。

易秀、李侠：《西北地区土壤资源特征及其开发利用与保护》，《地球科学与环境学报》2004 年第 26 期。

余敏江、刘超：《生态治理中地方与中央政府的"智猪博弈"及其破解》，《江苏社会科学》2011 年第 2 期。

余敏江：《论区域生态环境协同治理的制度基础——基于社会学制度主义的分析视角》，《理论探讨》2013 年第 2 期。

余敏江：《论生态治理中的中央与地方政府间利益协调》，《社会科学》2011 年第 9 期。

余敏江：《生态治理评价指标体系研究》，《南京农业大学学报》（社会科学版）2011 年第 1 期。

余敏江：《生态治理中的中央与地方府际间协调：一个分析框架》，《经济社会体制比较》2011 年第 2 期。

俞可平：《科学发展观与生态文明》，《马克思主义与现实》2005 年第 4 期。

曾正滋：《环境公共治理模式下的"参与—回应"型行政体制》，《福建行政学院学报》2009 年第 5 期。

张德二：《历史记录的西北环境变化与农业开发》，《气候变化研究进展》2005 年第 2 期。

张金昌：《编制自然资源资产负债表的历史性意义》，《人民论坛》2018 年第 24 期。

张劲松：《论生态治理的政治考量》，《政治学研究》2010 年第 5 期。

张贤明、田玉麟：《论协同治理的内涵、价值及发展趋向》，《湖北社会科学》
　　2016 年第 1 期。

张振波：《论协同治理的生成逻辑与建构路径》，《中国行政管理》2015 年第
　　1 期。

赵晓红、吕健华：《生态现代化的全球视野与中国实践》，《新远见》2010 年
　　第 8 期。

郑华、欧阳志云：《生态红线的实践与思考》，《中国科学院院刊》2014 年第
　　4 期。

郑巧、肖文涛：《协同治理：服务型政府的治道逻辑》，《中国行政管理》
　　2008 年第 7 期。

中国工程院"西北水资源"项目组：《西北地区水资源配置生态环境建设和可
　　持续发展战略研究》，《中国工程科学》2003 年第 4 期。

周珂、王小龙：《环境影响评价中的公众参与》，《甘肃政法学院学报》2004
　　年第 3 期。

周鑫：《依托法制开展生态治理的必由之路》，《人民论坛》2015 年第 5 期。

周宏春：《改革开放 40 年来的生态文明建设》，《中国发展观察》2019 年第
　　1 期。

周雪光、练宏：《政府内部上下级部门间谈判的一个分析模型：以环境政策实
　　施为例》，《中国社会科学》2011 年第 5 期。

朱晶、陈玲：《马克思主义生态观与环境冲突的化解》，《人民论坛》2015 年
　　第 5 期。

朱留财：《应对气候变化：环境善治与和谐治理》，《环境保护》2007 年第
　　11 期。

祝镇东：《美国生态环境保护的经验及其对中国生态文明建设的启示》，《经营
　　管理者》2015 年 12 月上期。

《里约环境与发展宣言》，《环境保护》1992 年第 8 期。

《生态环境约束下西北地区产业结构调整与优化对策》课题组：《工业化进程
　　与西北地区生态环境的变迁》，《开发研究》2003 年第 2 期。

《中共中央关于制定国民经济和社会发展第十三个五年规划的建议》，《理论学

习》2015 年第 12 期。

Crutzen，P J、Stoermer，E F：*The "Anthropocene"*，Global Change Newsletter Is-
    sue 41，2000.

Ostrom E：*Crossing the Great Divide：Coproduction，Synergy and Development*，
    World Development Issue 24，1996.

报纸

本报评论员：《深刻认识陕西生态环境保护的艰巨性》，《陕西日报》2018 年 9
    月 3 日。

蔡晶晶：《20 位院士称新疆"跨流域调水"成本过高不可行》，《人民日报》
    2010 年 11 月 22 日。

陈静：《推动绿色经济高质量发展》，《人民日报》2019 年 5 月 23 日。

陈吉宁：《改革生态环保制度　提升环境治理能力》，《中国环境报》2015 年
    11 月 11 日。

陈湘静：《第三方治理靠什么推进?》，《中国环境报》2014 年 3 月 4 日。

邓永胜：《环境问题不仅是经济问题也是政治问题》，《人民日报》2013 年 5
    月 22 日。

樊杰：《加快建立国土空间开发保护制度》，《人民日报》2018 年 5 月 23 日。

范程程：《绿色成为青海省工业发展底色》，《西海都市报》2019 年 6 月 3 日。

范程程：《青海省努力开创绿色产业发展新局面》，《西海都市报》2019 年 10
    月 18 日。

范海瑞：《张掖全力创建国家生态文明建设示范市》，《甘肃日报》2019 年 4
    月 30 日。

方世南：《生态安全是国家安全体系重要基石》，《中国社会科学报》2018 年 8
    月 9 日。

伏润之：《八步沙林场的新期待》，《甘肃日报》2020 年 1 月 19 日。

甘肃省林业厅：《甘肃省第五次荒漠化和沙化监测情况公报》，《甘肃日报》
    2016 年 6 月 16 日。

谷树忠、李维明：《自然资源资产产权制度的五个基本问题》，《中国经济时

报》2015 年 10 月 23 日。

郭秀丽：《德国环境保护的"生态民主"》，《学习时报》2014 年 3 月 10 日。

郭兆晖：《建立自然资源资产产权制度》，《学习时报》2013 年 12 月 16 日。

何传启：《生态文明建设的三个布局》，《中国青年报》2015 年 9 月 28 日。

黄其松、段忠贤：《生态环境公共治理的三维互动》，《光明日报》2015 年 5
月 6 日。

蒋文武：《环境污染第三方治理》，《中国社会科学报》2017 年 12 月 6 日。

李斌：《评论员观察：生态文明建设的历史性贡献》，《人民日报》2018 年 5
月 21 日。

李姣：《环境善治：面向公共生态福祉的政府选择》，《光明日报》2014 年 10
月 21 日。

李晓西：《完善生态治理需要协同共治》，《人民日报》2015 年 5 月 19 日。

刘大山：《推动形成人与自然和谐发展新格局》，《学习时报》2017 年 12 月
8 日。

刘季辰：《生态服务业探路：新兴产业深度布局绿色矩阵》，《中国企业报》
2016 年 10 月 18 日。

刘建伟、漆思：《推进国家生态治理能力现代化》，《中国环境报》2014 年 6
月 16 日。

罗能生：《洞庭湖生态经济区的"新型动力"》，《湖南日报》2016 年 9 月
20 日。

吕忠梅：《保护生态环境必须依靠制度、依靠法治》，《光明日报》2019 年 2
月 25 日。

麻晓东：《〈B 模式 4.0〉出版：与环境运动宗师莱斯特·布朗论道》，《科学
时报》2010 年 7 月 1 日。

芈峤：《"绿色"是青海经济发展的永续动力》，《青海日报》2020 年 1 月
19 日。

穆国虎、宽容：《2018 年宁夏生态环境状况公报》，《宁夏日报》2019 年 6 月
2 日。

潘家华：《以生态文明建设推动发展转型》，《人民日报》2015 年 8 月 25 日。

齐卉：《陕西省将新增治理水土流失及生态修复面积 3000 平方公里》，《陕西日报》2019 年 2 月 20 日。

强卫：《我眼中的青海——在青海大学的演讲》，《光明日报》2010 年 10 月 21 日。

任艳：《生态文明建设的实践路径》，《湖北日报》2014 年 3 月 15 日。

盛三化、李佐军：《将污染预防放在更优先的位置上》，《光明日报》2015 年 1 月 14 日。

孙秀艳：《守住国家生态安全的底线》，《人民日报》2017 年 2 月 8 日。

陶火生：《依法推进我国生态治理现代化》，《光明日报》2015 年 11 月 28 日。

王建宏：《宁夏："生态立区"构筑西北绿色屏障》，《光明日报》2017 年 7 月 21 日。

王永锋、邓民兴：《陕西水土流失治理速度居全国前列》，《陕西日报》2017 年 9 月 24 日。

吴平：《构建多元协同的生态治理模式》，《中国经济时报》2016 年 9 月 14 日。

吴平：《国家公园：奏响生态治理现代化新乐章》，《中国经济时报》2016 年 11 月 28 日。

吴平：《生态治理体系的价值取向和立法路径》，《中国经济时报》2016 年 8 月 22 日。

吴平：《生态治理需要强化法治思维》，《中国经济时报》2016 年 8 月 17 日。

武耀林：《把绿起来作为生态治理的主要目标》，《朔州日报》2011 年 4 月 11 日。

夏杰长：《以生态文明建设推动发展转型》，《经济日报》2018 年 5 月 10 日。

夏连琪：《青海率先在全国试点推进"草长制"建立最严格的草原生态环境保护制度》，《中国环境报》2020 年 4 月 15 日。

肖磊：《城镇化进程中生态治理困境与破解之道》，《光明日报》2014 年 11 月 2 日。

俞可平：《生态治理现代化越显重要和紧迫》，《北京日报》2015 年 11 月 2 日。

岳洁：《国外生态治理的经验》，《中国社会科学报》2018 年 6 月 26 日。

张松、刘艳芹：《陕西省去年治理水土流失面积 6500 多平方公里》，《陕西晚报》2018 年 1 月 15 日。

张扬：《青海绿色产业如何打好四张牌》，《海东时报》2019 年 8 月 14 日。

张茱楠：《生态治理是实施国家生态文明战略的核心》，《证券时报》2015 年 11 月 3 日。

张文雄：《关键要树立生态文明新理念》，《湖南日报》2014 年 11 月 19 日。

张永帅：《梯田景观　生态农业（图）》，《云南经济日报》2014 年 04 月 10 日。

赵建军、胡春立：《加快建设生态安全体系至关重要》，《中国环境报》2020 年 4 月 13 日。

郑卓：《新疆生态环境质量持续改善》，《新疆日报》2019 年 6 月 5 日。

周彦科、周博文、陈桂生：《探索生态文明建设的多元路径》，《光明日报》2014 年 1 月 26 日。

宗时风、海棠、毛雪皎：《宁夏推进贺兰山国家级自然保护区生态环境综合整治纪实》，《宁夏日报》2019 年 5 月 8 日。

《2018 年青海省生态环境状况公报》，《青海日报》2019 年 6 月 5 日。

《划定并严守生态保护红线　保障国家生态安全——访环境保护部副部长黄润秋》，《中国环境报》2017 年 2 月 10 日。

《绿水青山金不换——张掖市创建国家生态文明建设示范市纪实》，《张掖日报》2019 年 11 月 19 日。

《生态空间治理精准施策——陕西发布秦岭生态空间治理十大行动》，《中国绿色时报》2019 年 12 月 27 日。

《习近平在宁夏考察时强调：解放思想真抓实干奋力前进确保与全国同步建成全面小康社会》，《人民日报》2016 年 7 月 21 日。

《中共中央国务院关于加快推进生态文明建设的意见》，《人民日报》2015 年 5 月 6 日。

《中央宣传部授予"六老汉"三代人治沙造林先进群体"时代楷模"称号》，《人民日报》2019 年 3 月 30 日。

学位论文

樊华：《退耕还林工程试点综合效益评价研究》，硕士学位论文，吉林大学，
  2004 年。

王伟：《转型期中国生态安全与治理：基于 CAS 理论视角的经济学分析框
  架》，博士学位论文，西南财经大学，2012 年。

卓光俊：《我国环境保护中的公众参与制度研究》，博士学位论文，重庆大学，
  2012 年。

李彦文：《生态现代化理论视角下的荷兰环境治理》，博士学位论文，山东大
  学，2009 年。

网页

曹华：《新疆已拥有 36 个国家沙漠公园》，天山网，2019 年 2 月 28 日。

陈家刚：《生态文明与生态治理的路径选择》，中国网，2007 年 12 月 11 日。

甘肃省林业和草原局：《甘肃省草原资源概况及生态监测》，http：//lycy. gansu.
  gov. cn/content/2019 – 04/72818. html，2019 年 4 月 2 日。

甘肃省林业和草原局：《省草原总站对甘南州草原退化现状组织调查》，
  http：//lycy. gansu. gov. cn/content/2019 – 08/76098. html，2019 年 8 月 16 日。

甘肃省水利厅：《2018 年甘肃省水资源公报》，http：//slt. gansu. gov. cn/xxgk/
  gkml/nbgb/szygb/201911/t20191111_ 122952. html，2019 年 11 月 11 日。

高敬：《我国首次开启生态保护红线战略》，新华社，2017 年 2 月 7 日。

高吉喜：《生态安全是国家安全的重要组成部分》，http：//theory. people. com.
  cn/n1/2015/1218/c83846—27946338. html。

国家发展和改革委员会：《美丽风景：三江源国家公园总体规划呈现》，
  http：//cloud. tencent. com/developer/news/11338，2018 年 1 月 12 日。

国家发展和改革委员会：《三江源国家公园总体规划》，http：//www. gov. cn/
  xinwen/2018 – 01/17/content_ 5257568. htm，2018 年 1 月 12 日。

胡璐、蔡馨逸、林碧锋：《人与自然和谐共生的绿色实践——我国退耕还林还
  草工程实施 20 年成就综述》，新华网，2019 年 9 月 4 日。

姬雯：《"三论"秦岭保护》，http：//sl. china. com. cn/2020/0120/75655. shtml，

2020 年 1 月 20 日。

贾茹、马甜：《关于依法关停宁夏贺兰山国家级自然保护区内工矿企业及相关设施的通告》，宁夏新闻网，2017 年 7 月 1 日。

金奉乾：《［美丽中国　生态甘肃　打好污染防治攻坚战——走进古浪县八步沙林场主题采访］奏响生态文明建设的"甘肃最强音"》，每日甘肃网，2019 年 11 月 22 日。

黎大东、何军、杜刚、何奕萍：《接力三十载　荒漠变"林海"——新疆柯柯牙的"绿色涅槃"之路》，新华网，2018 年 10 月 10 日。

刘红霞：《领导要离任　先过"生态关"——解读〈领导干部自然资源资产离任审计规定（试行）〉》，新华网，2017 年 11 月 29 日。

三江源国家公园管理局：《三江源国家公园概况》，http：//sjy. qinghai. gov. cn/parkList？id＝2。

陕西省生态环境厅：《2018 年陕西省生态环境状况公报》，http：//sthjt. shaanxi. gov. cn/newstype/hbyw/hjzl/hjzkgb/20190603/40879. html，2019 年 6 月 3 日。

思力：《生态文明建设到底有多重要？》，求是网，2019 年 3 月 6 日。

孙睿、文思睿：《祁连山三大冰川面积和冰储量均略有退缩》，中国新闻网，2020 年 4 月 10 日。

王尔德：《生态文明是超越工业文明的社会文明形态》，http：//www. sina. com. cn，2012 年 10 月 9 日。

王振红：《生态治理亟待国家战略顶层设计》，中国网，2015 年 6 月 8 日。

韦德占：《甘肃古浪县三代人治沙造绿洲 37 年"沙土"变"沙金"》，http：//gs. ifeng. com/a/20180510/6565781_ 0. shtml，2018 年 5 月 10 日。

闫妍、秦华：《问：如何构建国土空间开发保护制度？》，人民网－中国共产党新闻网，2017 年 11 月 17 日。

阎梦婕：《宁夏在生态、大气、水等方面环境问题凸显》，人民网－宁夏频道，2016 年 11 月 16 日。

杨秀萍：《中国现代化生态转型的理论借鉴与路径选择》，人民网，2017 年 1 月 3 日。

张蕾：《我国生态状况总体改善但安全形势依然严峻》，光明网，2018 年 9

月30口。

张爽、陈玥:《李克强力推四大重点生态工程　构筑绿色保护屏障》,新华网,
2013年12月19日。

赵凡:《盘点:环境污染第三方治理政策一览》,http://www.h2o-china.com/
news/244190.html,2016年8月5日。

《"新疆水问题研究及其技术示范"项目启动》,新疆生态与地理研究所,
2013年1月8日。

《2015年西北地区人口将突破一亿》,http://www.cctv.com/news/china/
20050807/100909.shtml。

《关于推进环境污染第三方治理的实施意见》,环境保护部网站,2017年9月
2日。

《国务院力推环境污染第三方治理变革加速环保需求释放》,中国证券网,
2014年10月28日。

《环境保护部解读〈环境保护公众参与办法〉》,环境保护部网站,2015年7
月22日。

《宁夏三北工程建设铸就绿色屏障》,宁夏回族自治区林业厅,2016年7月
29日。

《努力实践　大胆探索　领导干部自然资源资产离任审计湖南模式》,http://
www.audit.gov.cn/n9/n1622/c127866/content.html,2018年11月5日。

《三北防护林工程概况》,新华网,2018年8月31。

《陕西白水县:解决荒山荒坡水土流失大问题为农民脱贫致富》,https://
www.sohu.com/a/233569655_132340,2018年5月31日。

《陕西省林业局:秦岭生态空间治理十大行动》,海外网,2019年12月3日。

《我们需要什么样的环境善治?》,https://www.cenews.com.cn/pthy/rdjj1/
201406/t20140603_775255.html,2014年6月3日。

《新疆草地退化率约90%　专家称人工草地可缓解》,http://www.chinanews.
com/shipin/cnstv/2014/04-03/news404544.shtml。

《新疆第五次荒漠化和沙化监测情况公报》,http://www.forestry.gov.cn/zsb/
990/content-910438.html,2016年10月9日。

《新疆已拥有 36 个国家沙漠公园！你去过几个?》，https：//www.sohu.com/a/
298571500_ 119733，2019 年 2 月 28 日。

《中办国办印发〈关于构建现代环境治理体系的指导意见〉》，新华网，2020
年 3 月 3 日。

外文专著

Joseph Huber，*Die verlorene Unschuld der kologie. Neue – Technologien und superi-
ndustriellen Entwicklung*，Frankfurtam Main：Fisher，1982.

Ostrom E，*Governing the Commons*：*The Evolution of Institutions for Collective
Action*，Cambridge University Press 1990.

中文专著

陈玮、张生寅：《改革开放 40 年来中国西北地区社会发展报告》（摘要），见
张廉、段庆林、郑彦卿《中国西北发展报告（2019)》，社会科学文献出版
社 2019 年版。

成一、赵昌春、梁鸣达等：《丝绸之路漫记》，新华出版社 1981 年版。

傅筑夫：《中国封建社会经济史》，四川人民出版社 1986 年版。

罗哲：《改革开放 40 年来中国西北地区经济发展报告》（摘要），见张廉、段
庆林、郑彦卿《中国西北发展报告（2019)》，社会科学文献出版社 2019
年版。

欧文·E. 休斯：《公共管理导论》，彭和平等译，中国人民大学出版社 2001
年版。

曲格平：《环境保护知识读本》，红旗出版社 1999 年版。

陕西省地方志办公室：《陕西年鉴 2018》，陕西年鉴编辑部出版 2018 年版。

宋健：《系统工程和新技术革命》，见《迎接新的技术革命》（下册），湖南科
学技术出版社 1984 年版。

孙濡泳等：《基础生物学》，高等教育出版社 2002 年版。

吴传钧：《中国经济地理》，科学出版社 1998 年版。

习近平：《决胜全面建成小康社会　夺取新时代中国特色社会主义伟大胜利》，

人民出版社 2017 年版。

杨镰：《荒漠独行——西域探险考察热点寻迹》，中央党校出版社 1995 年版。

俞可平：《治理与善治》，社会科学文献出版社 2000 年版。

中共中央文献研究室：《习近平关于社会主义生态文明建设论述摘编》，中央
  文献出版社 2017 年版。